Gérard Chiron

La formulation en recherche appliquée

Gérard Chiron

La formulation en recherche appliquée

Compositions organo minérales réactives, Plans d'expériences pour canaliser l'alchimie des mélanges

Presses Académiques Francophones

Impressum / Mentions légales
Bibliografische Information der Deutschen Nationalbibliothek: Die Deutsche Nationalbibliothek verzeichnet diese Publikation in der Deutschen Nationalbibliografie; detaillierte bibliografische Daten sind im Internet über http://dnb.d-nb.de abrufbar.
Alle in diesem Buch genannten Marken und Produktnamen unterliegen warenzeichen-, marken- oder patentrechtlichem Schutz bzw. sind Warenzeichen oder eingetragene Warenzeichen der jeweiligen Inhaber. Die Wiedergabe von Marken, Produktnamen, Gebrauchsnamen, Handelsnamen, Warenbezeichnungen u.s.w. in diesem Werk berechtigt auch ohne besondere Kennzeichnung nicht zu der Annahme, dass solche Namen im Sinne der Warenzeichen- und Markenschutzgesetzgebung als frei zu betrachten wären und daher von jedermann benutzt werden dürften.

Information bibliographique publiée par la Deutsche Nationalbibliothek: La Deutsche Nationalbibliothek inscrit cette publication à la Deutsche Nationalbibliografie; des données bibliographiques détaillées sont disponibles sur internet à l'adresse http://dnb.d-nb.de.
Toutes marques et noms de produits mentionnés dans ce livre demeurent sous la protection des marques, des marques déposées et des brevets, et sont des marques ou des marques déposées de leurs détenteurs respectifs. L'utilisation des marques, noms de produits, noms communs, noms commerciaux, descriptions de produits, etc, même sans qu'ils soient mentionnés de façon particulière dans ce livre ne signifie en aucune façon que ces noms peuvent être utilisés sans restriction à l'égard de la législation pour la protection des marques et des marques déposées et pourraient donc être utilisés par quiconque.

Coverbild / Photo de couverture: www.ingimage.com

Verlag / Editeur:
Presses Académiques Francophones
ist ein Imprint der / est une marque déposée de
OmniScriptum GmbH & Co. KG
Heinrich-Böcking-Str. 6-8, 66121 Saarbrücken, Deutschland / Allemagne
Email: info@presses-academiques.com

Herstellung: siehe letzte Seite /
Impression: voir la dernière page
ISBN: 978-3-8416-2384-3

Gérard Chiron
Docteur de spécialité chimie organique.

La formulation
en recherche appliquée

Compositions organo minérales réactives,
Plans d'expériences pour canaliser
l'alchimie des mélanges.

Ma gratitude envers les personnes éclairées :

Au Professeur Vialle de l'université de Caen qui a calculé les coefficients de mon premier plan d'expériences en 1984 sur sa Hewlett-Packard à imprimante intégrée.

Au Professeur Guy Levesque que j'ai suivi à Caen ; il m'a mis sur la voie des polymères pour ma thèse.

Au Professeur Maurice Le Corre (chime organique du phosphore), au Professeur Carrié (photochimie), au Professeur Levas (chimie organique), au Professeur Jeanjean (cristallographie), au Professeur Dixneuf (chimie des organo métalliques) et bien d'autres Professeurs de l'université de Rennes qui m'ont enthousiasmé dans mes études.

A Philippe Pagès expert enthousiaste en statistiques qui m'a transmis l'envie de modéliser par les plans d'expériences.

Avant propos.

En 2005 je rencontre un chimiste à la C.F.P.I. Nufarm SA qui m'avoue préférer faire de la synthèse :

" *Vous les formulateurs, avancez dans l'inconnu des mélanges, alors que nous connaissons à l'avance les substances d'arrivée.* "

Je m'adresse aux étudiants désireux de diversifier leur formation en chimie du collage avec des acquisitions prises dans le vif de la recherche appliquée. Apprendre en faisant c'est capturer l'information, non la capter temporairement. Mon propos est d'accompagner le lecteur dans mes modes de réflexion pour qu'un résultat ne soit pas l'utlime objectif, mais aussi pour que le concepteur ou la conceptrice innove avec élégance. Aussi je crois en l'idée pédagogique d'évoquer des exemples créatifs illustrés par les plans d'expériences (DOE : Design Objective Experiments) qui offrent à l'expérimentateur un outil de compréhension et de prédiction. Certains professionnels peuvent y trouver une source d'inspiration ou tout au moins l'envie de continuer leurs activités de recherche.

Mon language écrit est volontairement simple, parfois imagé, je change les polices de l'écriture pour certains paragraphes car votre attention mérite de la diversité. Ne sommes-nous pas tous attachés à nos saisons ? Nos horloges intellectuelles ne sont pas réglées sur la monotonie. Il y a peu de bibliographie, cependant j'ai placé les références des ouvrages aux moments opportuns pour que le lecteur puisse se les procurer. J'opte pour le tracé de graphiques afin que votre mémoire visuelle vous aide à intégrer mes propos.

Ma seconde mission est de lever le côté abstrait de la relation entre la formulation et les propriétés. Rien n'est mis au hasard pour coller, pour faire briller, pour colorer. Ouvrez un livre sur la céramique, vous y verrez

3

des formules d'oxydes métalliques complexes que les maîtres artisans du minéral créent sur les poteries ou sur les vitraux pour le plaisir des yeux. L'objet de l'ouvrage porte sur les plastisols difficiles à maîtriser, sur les colles du métal et des composites. Les compositions décrites sont des orientations, les raisonnements un élan possible pour vous, futurs concepteurs et conceptrices.

Sachez vous appuyer sur vos fondements reçus, vous animer de passion, vous teinter d'intuition, être réceptifs aux retours d'expériences.

Glossaire visuel : = suivez votre guide, = message

Contexte des sujets

Nos véhicules sont un assemblage d'innovations depuis l'ergonomie, le confort, les odeurs, le toucher, la mécanique, les couleurs, le design, la sécurité, l'étanchéité, le bruit etc…

Les concepteurs rassemblent leurs matières grises et le savoir faire des fabricants pour que toutes ces exigences traduites en cahier des charges, soient satisfaites.

Derrière ces simples exigences de bon sens, les constructeurs ont appliqué la règle « essai-amélioration » pour pérenniser leur image de marque par la qualité/performance. Les 4 points évoqués se reportent au rétro film de l'assemblage les éléments suivants :

Etre à l'abri. La gamme de montage des éléments métalliques comporte des étapes d'apport de matières organo minérales pour empêcher l'introduction d'eau source de corrosion. Les colles réactives dans les étuves sont réparties sur les zones d'assemblage et à l'intérieur des corps creux.

Pour protéger des gravillons projetés lors du roulage, la gamme a prévu la dépose d'une couche protectrice de plastisol antigravillonnnaire. Ouvrez une portière, vous verrez un cordon peint sur son pourtour intérieur : c'est un étanchéité d'aspect qui recouvre le sertis faisant office de protection contre la corrosion.

La couleur extérieure stable. La peinture (Top coat) subit les rayonnements solaires et UV dont les effets varient avec ses supports. Elle recouvre majoritairement les surfaces peintes avec la peinture primaire elle même déposée sur la cataphorèse adhérente sur le métal traité par phosphatation. Toutes les couches interfèrent vis à vis des conditions de vieillissement naturel. Les zones protégées par les plastisols présentent un risque supplémentaire de changement de couleur par l'apport de substances potentiellement migrantes vers la surface. Tous les concepteurs des couches empilent donc les tests spécifiques

5

visant au résultat final auquel ne pense pas l'utilisateur. Les peintres maîtres de leur art font partie des magiciens de la formulation.

Le confort sonore. En dehors du moteur, les bruits sont transmis par le roulage sous forme de vibrations par les chemins rigides des structures. Quand on ferme une portière son claquement sourd flatte l'oreille signe de qualité voire même de confiance en la robustesse. Le concepteur de véhicules se donne les moyens d'étudier par la vibro acoustique les comportements vibratoires des éléments comme les portes, les capots, le châssis. Sur le même registre les corps creux comme les montants sont des couloirs où l'air circule. Ne vous êtes jamais amusés à crier dans un tube pour mieux porter les sons ? Le concepteur de matériaux insonorisants propose de neutraliser les ventres de vibrations et d'absorber les ondes dans les corps creux avec des mousses dont la formulation est réfléchie.

Une structure robuste. Vous quittez votre stationnement où vous étiez à cheval sur un trottoir, imaginez les torsions de votre véhicule. Le collage des assemblages joue pleinement son rôle pour renforcer les points de soudure, pour accompagner les micro-déplacements des jonctions et pour prévenir les effets de pile, sources de corrosion. Les crash tests analysent les points de faiblesse comme l'enfoncement des tôles, les ouvertures de sertis etc...Les constructeurs orientent les concepteurs de matériaux organiques vers la réponse à ces contraintes.

Le rôle du formulateur de colles et de matériaux est de créer l'environnement de substances associées destinées à réagir en temps voulu sous des conditions imposées. La recherche de la meilleure conjonction des nombreux degrés de libertés devient une alchimie fine respectable.■

SOMMAIRE

CHAPITRE 1 : les plastisols utilisés dans l'industrie automobile

1.1-FORMULE GENERALE DE L'ACETATE DE CHLORURE DE POLYVINYLE

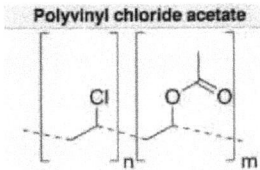

Polyvinyl chloride acetate

Le polymère de base utilisé dans les plastisols formulés pour l'industrie automobile est synthétisé en émulsion ou en suspension. La polymérisation du chlorure vinyle avec le monomère acétate de vinyle conduit à un copolymère dont la polarité donne l'affinité avec les supports sur lesquels les plastisols sont appliqués. Il se présente sous forme d'une fine poudre blanche facile à mettre en œuvre.

1.2-LES FONCTIONS

Les compositions sont utilisées pour assurer trois types de fonctions sur véhicules :

La fonction calage. Ces produits sont fortement chargés donc présentent une viscosité élevée ($\approx$5000 cP) de telle sorte qu'ils sont exclusivement extrudés. Leur cohésion (contrainte autour de 5MPa) permet de finaliser le calage des tôles.

Pour donner une idée sur les viscosités en cP voici une liste de produits communs :

L'eau	1	L'huile de moteur w40	4500
L'huile d'olive	100	Miel d'acacia	20 000
L'huile de ricin	1000	Beurre d'arachide	100 000

La fonction d'étanchéité. Sur l'échelle de viscosité les étanchéités sont plus bas (env.500 cP) que les produits de calage car ils permettent d'obtenir des cordons d'aspect (visibles après recouvrement des peintures) et des bandes appliquées en pulvérisation au travers de buses. La photo de gauche ci-après montre un produit d'étanchéité projeté en bandes, celle de droite montre un cordon d'aspect déposé sur les sertis de portes.

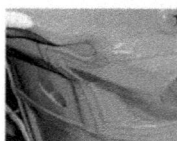

Figure 1.2-Etanchéité pulvérisé recouvert d'apprêt (sealer)

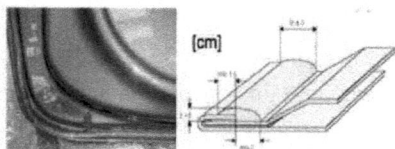

Figure 1.3-Cordon d'étanchéité de sertis sur porte peinte

La fonction antigravillonnage. Le plastisol est projeté sur les dessous de caisse et sur les intérieurs des passages de roues pour la protection contre la projection de gravillons.

1.3-LE MODE DE DURCISSEMENT ET L'ENVIRONNEMENT D'UTILISATION

Le tableau suivant décrit les étapes de mise en œuvre des produits

Atelier	L'environnement	Effets sur les produits	Contraintes à relever
Ferrage	Emboutissage des tôles huilées issues des bobines provenant de la métallurgie		
	Assemblage par soudure		
	Application des produits sur tôle grasse	Contact huile-produit	Compatibilité avec le métal huilé
Traitement des surfaces	Dégraissage des caisses à 60°C, pH13	La température abaisse la viscosité des produits, +milieu basique agressif	Résistance à la coulure, à la déformation, ne pas être délavé par les flux basiques
	Traitement de phosphatation pour préparer l'accroche de la couche de cataphorèse	Milieu acide (acide phosphorique et même présence de fluorures)	Neutre vis à vis du milieu
	Electrodéposition de la cataphorèse	Milieu à 30°C, composition de résines polaires qui se dépose en couche mince sur la cathode (la caisse)	Ne pas se disperser ou libérer des substances polluantes dans le bain (une faible dose de silicone provoque des défauts sur la cataphorèse, donc pollue le bain de

				300m^3)
		Cuisson de la cataphorèse	Passage dans des étuves à 160-200°C	Rester là où on les a placés et durcir pour assurer les fonctions
		Dépose des plastisols	Application sur toutes inclinaisons de surfaces	ne pas glisser ni couler
Atelier peinture		Dépose des apprêts	Couche électrostatique	Ne pas refuser les peintures (tâches, yeux, piqûres), adhérer sur le support
		Cuisson	Montée progressive en température vers 150°C	Ne pas glisser ni couler
		Application des peintures et vernis de finition	Fine couche appliquée par électro statisme	Ne pas refuser les peintures (tâches, yeux, piqûres)
		Cuisson	Montée progressive en température vers 150°C	La caisse doit être sans défaut : pas de déformation de tôles ni de défauts visuels

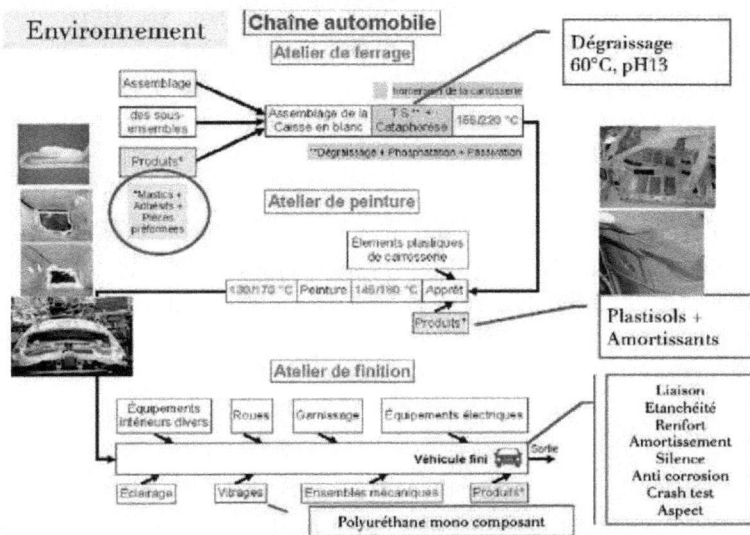

Figure 1 : le synoptique de montage automobile fait apparaître les différentes fonctions matières.

1.4-LA FORMULATION OU RECETTE

Les trois familles de fonctions décrites plus haut sont différemment formulées pour répondre aux contraintes de mise en œuvre. Les contraintes sont formulées en cahier des charges destiné aux laboratoires. Le formulateur s'emploie à ajuster les constituants pour aboutir à la fonction demandée.

Les polymères. Le bloc de PVC souvent associé à un copolymère acétate dont le rôle est d'abaisser la température de gélification et de faciliter l'adhérence sur le support de cataphorèse. Les PVC sont caractérisés par leur indice de viscosité le K-wert [1a]. Plus il est élevé plus la température de gélification s'élève. Donc sur le chemin de l'abaissement d'une température de cuisson le choix d'un PVC à bas K-wert est judicieux plutôt que d'utiliser un plastifiant efficace qui donne des VOC. (Volatil Organic Compounds).

> Cherchez à identifier les PVC de viscosité élevée avec une pseudoplasticité marquée, ils sont utiles pour solutionner des problèmes de coulure et de glissement sur les cataphorèses. L'Hostalit PX1219 et la Vestolit® P 1353K sont très pseudoplastiques, le Solvin 372 HA représente un choix équilibré.

Les charges. Le bloc constitué de charges associées dont le choix est toujours guidé par des contraintes de prix, de propriétés rhéologiques et de propriétés physico chimiques. Les charges offrent des possibilités variées pour le formulateur, en effet on peut les classifier de la manière suivante :

- Les craies ($CaCO_3$) issues des carrières : broyées selon des granulométries variables et séchées. Leur prise d'huile (chap.7) varie avec la granulométrie. Les mêmes craies peuvent être enrobées de stéarate de calcium qui leur apporte de l'hydrophobie. Ce traitement abaisse la surface spécifique des grains donc limite l'absorption des résines…par voie de conséquence il permet d'accroître l'adhérence des produits.

Les carbonates de calcium synthétiques (précipités à partir du lait de chaux selon la réaction $Ca(OH)_2 + CO_2 \rightarrow CaCO_3 + H_2O$, sont enrobés ou non de stéarate de calcium. Ces charges hydrophobes donnent de la résistance à l'humidité et à la couture. Elles facilitent aussi les faciès de rupture dans les tests de traction cisaillement.

Les talcs connus pour leur structure lamellaire donnent de la viscosité mais facilitent l'écoulement dans les conduits, bien ajustés ils solutionnent parfois les problèmes de faciès de rupture.

Les micas sont des alliés du faciès de rupture sans dégrader les forces des adhésifs ; leur éclat visuel est indicateur de présence de l'adhésif sur les éprouvettes de traction cisaillement.

Les sulfates de baryum de densité de 4,5 g/cm^3 impactent la densité finale des produits.

Les silices pyrogénées présentent des surfaces spécifiques très élevées (par exemple 200m^2/g), elles facilitent l'éclatement du produit en sortie des buses de projection et aident à figer le produit projeté sur son support. Les silices sont soit hydrophiles soit hydrophobes suite au traitement avec des organo silanes qui réagissent sur les hydroxyles de la silice (voir chapitre 5).

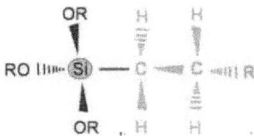

Organosilane réactif à l'eau, R est souvent un méthyle.

Les charges additionnelles :
- les microsphères creuses abaissent la densité à l'état cru et cuit,
- les microbilles de verre, les agents d'expansion physique constitués de néopentane encapsulé dans du polymère acrylonitrile qui, sous l'action de la température, expanse la paroi extérieure pour constituer des microsphères organiques. Dans ce cas la densité finale est atteinte après une cuisson.

Les plastifiants. Les plastifiants sont généralement des phtalates en C9, C10, voire plus carbonés selon les applications, les adipates comme le DOA (Di octyl adipate) qui, par une moindre propriété solvatante que les phtalates, participe à construire une structure de gel.

Les benzoates et ceux à base d'acide succinique ou d'acide adipique sont des alternatifs aux phtalates. Les téréphtalates ont la propriété de moins migrer, propriété observée lors de la conception d'un produit d'étanchéité à base de PVC gélifiable sous haute fréquence, qui devait être en contact avec un film de peinture. D'ailleurs nous allons évoquer au chapitre 7 comment mesurer l'impact de la migration de platifiants sur une couche de peinture.

Le rôle des plastifiants est de solvater les grains de PVC. Sous l'effet de la température les molécules de plastifiant s'incrustent dans les chaînes de polymère : la viscosité du mélange s'élève et atteint un maximum pour créer le solide homogène. Le choix du plastifiant et sa teneur, agissent sur la souplesse du matériau.

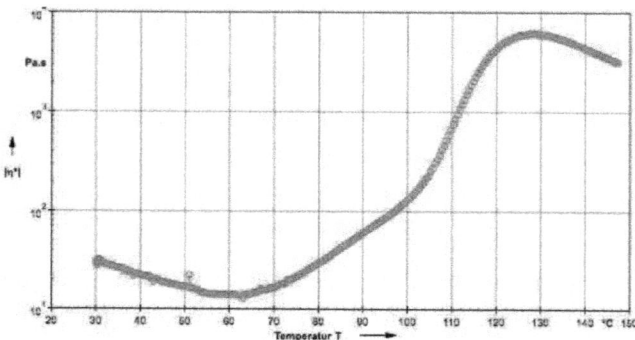

Figure 1.4-Evolution de la viscosité d'un plastisol avec la température.

18

Les stabilisants. Le bloc « stabilisant température » a pour effet de neutraliser l'acide chlorhydrique naissant lors de la dégradation du PVC. Autrefois les stabilisants utilisés étaient les sels d'étain. C'est fini sur ces gammes de produits. Les oxydes métalliques de zinc et de magnésium se sont imposés avec l'usage de résines d'adhérence et avec l'abaissement des températures des étuves.

Les agents d'adhérence. Le bloc « résines d'adhérence » est constitué de résines polyamino amides basiques qui, par affinité avec les groupes époxydes de la cataphorèse, assurent l'adhérence du matériau.

Plus le taux de résine est élevé plus le mouillage avec les charges s'élève et plus les propriétés rhéologiques se dégradent. Le caractère agressif des amines produit sur certains tests de la corrosion du métal support.

Pour certaines fonctions comme la résistance au gravillonnage (simulation de projection de gravillons) on peut utiliser des résines de polyuréthane bloqué comme l'était le Grilbond ® 9479 associé à la molécule débloquante, le Grilbond® 9477 (résine peut-être plus disponible). Sous l'effet de la température de cuisson l'amine débloque l'isocyanate qui réagit sur les amines libres de la résine polyamino amide. Le réseau constitué apporte une résistance accrue à l'impact et à la corrosion. En dehors de cette chimie le fait d'enrichir en PVC améliore la propriété.

Les polymères additionnels. Certaines résines compatibles avec le milieu comme les résines CTBN (Carboxy Terminated Butadien Nitrile rubber) sont très efficaces pour donner de la flexibilité au matériau. Les produits de calage, pour lesquels est exigé une résistance à la courbure sur mandrin, sont assouplis par les CTBN.

Les pigments. Le bloc des pigments qui sont souvent des oxydes métalliques dispersés ou non dans du plastifiant ou du noir de carbone de préférence non acide pour éviter sa floculation. Pour ce qui est des oxydes de titane, le type anatase est suffisant pour les plastisols par rapport au type rutile. Quand l'oxyde de titane manque sur le marché, le lithopone blanc composé de sulfure de zinc et de Sulfate de Baryum est une alternative.

Les additifs. Le bloc des additifs regroupe dans le langage de ceux qui gardent confidentielles les substances comme les agents mouillants (contrarient l'adhérence), les anti UV, les réactifs qui activent les silices comme le butanediol 1,4, les marqueurs UV comme l'Uvitex® OB qui donne un visuel fluorescent à la couche de PVC sous UV.

Les solvants. Le bloc solvant constitue des hydrocarbures aliphatiques à haut point d'éclair dont le rôle est d'ajuster la viscosité. Sur certaines cataphorèses sensibles (tension de surface basse) le plastisol laissé à cru exsude son solvant en lisière. La conséquence est l'apparition de refus visible des apprêts (contenant des solvants polaires ou de l'eau) qui nécessite des retouches de caisses. La correction est possible par le choix judicieux de solvants aux volatilités différentes comme les solvants iso paraffiniques.

🐛 Pour résumer sur les matières premières

	Viscosité	Seuil d'écoulement	vitesse de durcissement	Adhérence	Tenue en température	Absorption d'eau, étanchéité	résistance à la corrosion	Densité	Souplesse	Résistance aux gravillons	jaunissement des laques
Mesure de la propriété	A	B	C	D	E	F	G	H	I	J	K
Sens recherché	↘	↗	↗	↗	↗	↘	↗	↗	↗	↗	↘
Les résines PVC homopolymères à haut Kwert	−	+	−	=	+	++	++	+	+	++	+
Les résines PVC homopolymères bas Kwert	+	−	+	+	−	+	+	+	+	+	+
Les copolymères d'acétate	++	−	++	++	−	+	+	+	−	+	+
Les résines CTBN	−	−	=	+	=	−	−	+	++	+	−−
Les craies naturelles	−	−	=	−	=	−	−	+	−−	−−	=
Les craies enrobées	−	++	=	++	+	+	+	+	−−	−−	=
Les talcs	−−	−	=	+	=	−−	−−	+	−	−−	=
Les micas	=	−	=	++	=	−	=	+	−	−	=
Les silices pyrogénées	−−	++	=	−−	=	−−	−	=	−−	−	=
Les microsphères creuses	+	+	=	=	=	=	=	++	−−	−−	=
Les pigments	=	=	=	=	=	=	=	=	=	=	=
Les plastifiants	+	−−	++	+	=	−	=	+	++	−−	=
Les stabilisants	=	=	=	+	++	+	++	=	+	+	+
Les résines polyamino amides	−	−−	=	++	−−	−−	−−	=	+	+	−−
Les polyuréthanes bloqués	=	−	+	++	+	++	++	=	+	++	−−
Les solvants	++	−	−−	−	=	=	=	++	−−	−	=

Ⓐ   Rhéomètre, viscosimètre Brookfield, rhéomètre capillaire, débitmètre et Severs

Ⓑ   Rhéomètre pour les seuils d'écoulement – jauge Daniel pour le test de coulure – Test de pavé.

Ⓒ   Rhéomètre en oscillation

Ⓓ   Traction cisaillement, test de pelage – Test de clivage

Ⓔ   Détection de HCl sur matériau soumis à 200°C

Ⓕ   Immersion dans l'eau à 55°C pendant 10 jours – perméabilité sous pression d'une colonne   d'eau de 1 mètre.

Ⓖ   Brouillard salin à 5%, cycles climatiques

Ⓗ   Picnomètre, balance à densité

Ⓘ   Courbure sur mandrin – allongement sur haltère

Ⓙ   Grenaillage sous pression de gravelles calibrées

Ⓚ   Insolation sous UV combinée avec de la condensation – séjour sous lampe solaire – confinement à 60°C.

🐛 Pour résumer sur l'adhérence

Facteurs à effet positif	Facteurs à effet négatif
Les résines polymanino amides	Les silices
Les résines de polyuréthane bloqué	Les agents mouillants
Les charges enrobées	Les agents thixotropants chimiques
Les charges lamellaires (micas, talc)	Les charges non enrobées à fine granulométrie
Certains oxydes métalliques comme de MgO	Les charges trop humides
Les acétates de polychlorure de vinyle	Les solvants aliphatiques
Les plastifiants solvatants du PVC	Les plastifiants secondaires (esters de colza)

1.5-EXEMPLES CREATIFS

1.51-Etanchéité sans silice robuste contre la corrosion

✍ Lorsque sont apparues dans les années 1987 les cataphorèses dites basses températures, les consignes de cuisson ont baissé d'environ 20°C. Cette disposition étant entrée dans les cahiers des charges, les fabricants de cataphorèse et de plastisols ont développé de nouvelles formulations. Les plastisols d'époque contenaient un système d'adhérence à base de résorcine opposée à l'hexaméthylène tétramine : un système merveilleux contre la corrosion, désastreux pour l'adhérence et pour la rhéologie. Le choix s'est vite porté sur des résines polyamino amides magiques pour l'adhérence, génératrices de corrosion (les tests étaient menés directement sur tôle phosphatée) et détruisaient la résistance à la coulure.

La problématique portait sur un plastisol d'étanchéité devant être extrudé sans coulure et pulvérisé facilement pour se figer sur la cataphorèse. Notre produit fut conçu initialement avec environ 2% de résine d'adhérence et 4% de silice avec trois inconvénients majeurs :

- Un taux de résine trop élevé donnant de la corrosion.
- Un taux de résine trop mouillant qui dégrade la résistance à la coulure.
- Un taux de silice trop élevé qui, en absorbant la résine d'adhérence affaiblit l'adhésion du produit sur la cataphorèse.

C'est la spirale typique des contradictions à casser à tout prix. La transversalisation des idées au travers d'autres études est salutaire, nous avions introduit dans un autre plastisol une charge capable de baisser le taux de silice par l'emploi d'un carbonate de calcium (le Socal 311) sélectionné selon sa prise d'huile. L'idée de l'utiliser a enclenché le chemin de réflexion suivant :

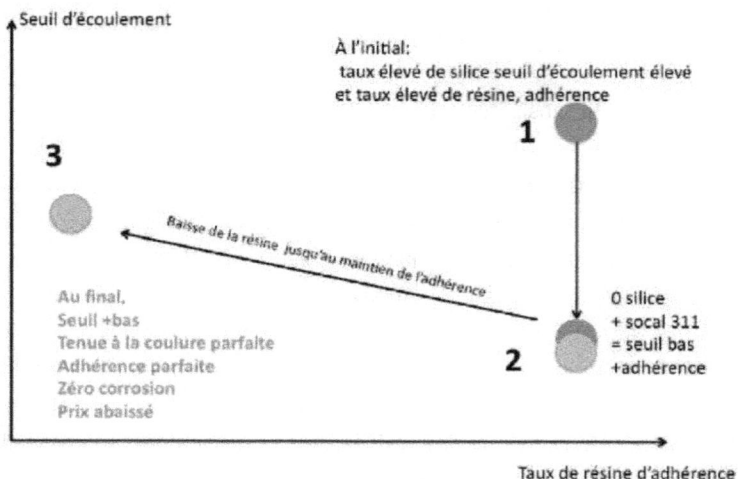

Figure 1.5-Cycle combinatoire de la rhéologie avec la baisse de résine d'adhérence pour l'obtention d'un produit pulvérisable et extrudable résistant au test d'absorption d'eau sur tôle phosphatée non corrodée.

Le résultat de cette étude aboutit à une composition de viscosité voisine de 0,5 Pa.s (ou 500 cP) avec un seuil d'écoulement de 250-300 Pa stable dans le temps. Le produit s'extrudait sans coulure et se pulvérisait aisément en bandes régulières (figure 1.2) indiférentes à la montée en température dans les étuves. Nous avions gagné en robustesse de fabrication et de mise en œuvre sur les lignes automobiles françaises. Il convient d'ajouter que la baisse de matières coûteuses a une incidence positive sur le prix.

Pour résoudre une difficulté, pensez avec distance, inspirez-vous de la méthode TRIZ qui promeut l'idée d'observer l'environnement d'un problème.

24

1.52-Etanchéité d'aspect alvéolaire

🐾 L'objectif était d'explorer la possibilité d'un plastisol de basse densité pour alléger les véhicules. Il y a deux méthodes : la première consiste à ajouter des microsphères creuses, la seconde d'introduire une molécule qui se décompose en gaz à la température provoquant l'expansion de la matière au court de sa gélification. L'un des aspects économiques était de déposer sur véhicules des volumes de matière plus faibles. Nous sommes partis d'une formule d'un plastisol anti-déchirure contenant un plastifiant chloré (Céréclor S45) de l'azodicarbonamide, des charges mais ne contenant aucun agent d'adhérence. Un protocole d'avancée pas à pas a été élaboré pour convertir une composition en un produit compatible avec le procédé sur chaîne automobile.

Ce qui a été observé :
En présence de résine polyamino amide un carbonate précipité enrobé de stéarate de calcium donne une structure alvéolaire alors qu'en présence de craie naturelle cette structure est détruite. La structure est favorisée par les taux plus élevés d'enrobage en stéarate de calcium sur le CCP.
Le taux de charges n'affecte pas la structure alvéolaire.
Plus le plastifiant phtalate est rapide en gélification (DIBP>DIHP) meilleur est l'aspect alvéolaire.
La chaux et la silice hydrophobe sont des facteurs favorables.
Le taux d'amine libre influe sur le gonflement du plastisol.
L'usage d'oxyde de zinc qui catalyse la décomposition de l'azodicarbonamide va dans le sens de la structure alvéolaire à condition qu'il soit non actif.

Le « screaning » sur les matières premières a conduit à un produit qui s'expanse à la cuisson par la formation de micro-alvéoles régulières tout en conservant un état de surface lisse. C'est le jeu de la vitesse de gélification donnée par le plastifiant phtalate de di iso benzyle DIBP ou du TXIB™ ((2,2,4-trimethyl-1,3-pentanediol) diisobutyrate) avec le criblage sur les résines polyamino amides combiné avec des carbonates enrobés, qui a conduit à la formule d'orientation suivante :

DIBP	28,8%	(1)
Ester méthylique de colza	14,8%	(1)
Butanediol	0,3%	(2)
Exxsol D80	7,2%	(3)
Euretec 505	1%	(4)
Lacovyl PE1312	23,8%	(5)
Vinnol C65V	10,2%	(6)
Craie violette+vinnofil SPT	21,0%	(7)
ZnO non actif	0,26%	(8)
CaO	1,0%	(9)
Aérosil R972	1,0%	(10)
Oxyde de fer jaune SY201	0,1%	
Cellogen 780	0,27%	(11)
dispersé dans DIHP (50/50)		

Cette formule donne une structure microcellulaire avec un taux de gonflement de 15 à 20%.

(1) l'ester méthylique de colza est utilisé comme plastifiant secondaire, il améliore la thixotropie des plastisols par une moindre solvatation.

(2) les pontages entre les –OH du butanediol et les sites SiO- de la silice rendent la charge plus thixotropante.

(3) les solvants hydrocarbures aliphatiques sont largement décrits sur les plaquettes des pétroliers.

(4) résine à indice d'amine libre élevé.

(5) homopolymère de K-wert 70.

(6) homopolymère « extendeur, abaisseur de viscosité » de K-wert 65.

(7) $CaCO_3$ synthétique enrobé d'acide stéarique en stérarate de calcium.

(8) capteur d'acide chlorhydrique et activateur des azodicarbonamides.

(9) La chaux capture l'humidité des constituants en formant $Ca(OH)_2$.

(10)   Silice pyrogénée hydrophobe (traitée au silane)

(11)   Cellogène 780 (La décomposition exothermique de l'azodicarbonamide produit 30 à 40 kcal/gmol et libère de l'azote, de l'oxyde et du dioxyde de carbone, de l'ammoniaque et des traces d'acide cyanhydrique. Par ailleurs, les résidus solides sont principalement de l'urazole, de la biurée, de la cyamélide et de l'acide cyanurique (Throne, 1996). [1]

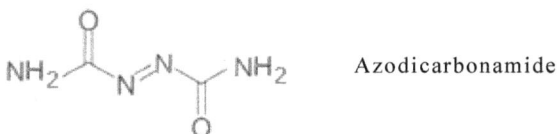

Azodicarbonamide

1.53-Tenue au jaunissement des peintures recouvrant les PVC

Quelle relation a priori y a-t-il entre la rhéologie et la résistance au jaunissement des peintures ?

Réponse : aucune ....sauf que lorsque l'on est intuitif des solutions simples viennent au secours de produits industriels. L'une des difficultés rencontrées dans mes recherches sur les plastisols était de rendre les plastisols non jaunissants pour les laques sous l'effet combiné des UV (340nm) et celui de la condensation. Les matières responsables furent identifiées : le jaunissement des peintures apparaît sur la succession de la couche de cataphorèse + la couche de PVC + la couche de peinture.

QUV ACCELERATED WEATHERING TESTER

Le Rayonnement UV alterné avec de la condensation
provoque le jaunissement des peintures recouvrant le PVC

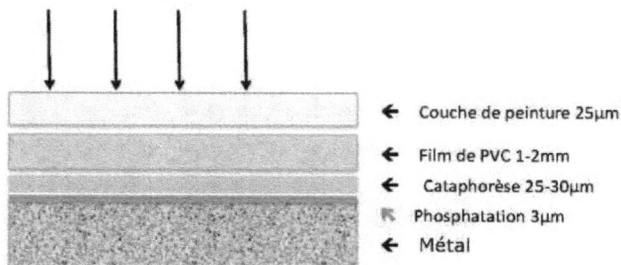

← Couche de peinture 25µm

← Film de PVC 1-2mm

← Cataphorèse 25-30µm

← Phosphatation 3µm

← Métal

Le mécanisme complexe de migration d'espèces de la cataphorèse au travers des couches successives était une sorte de boîte noire. Le formulateur pressé joue l'alchimiste dérouté, il teste diverses molécules organiques comptant sur le hasard du succès: aldéhydes, acides, phénols…tout ce qui dégrade les résines polyamino amides. Parallèlement à cette difficulté l'un des plastisols devaient être plus robuste sur sa résistance à la coulure.

L'idée d'utiliser une argile modifiée organique fut la bonne : 1% de bentone SD2 préalablement dispersée à 30% dans du plastifiant phtalate en C9 (60%), du solvant hydrocarbure aliphatique (10%) et un alcool (butanediol 1,4 polaire) constitue un gel ferme qui rend un plastisol peu sensible à la température. L'astuce en fabrication consistait à fabriquer le gel dans le mélangeur avant l'introduction du reste de la formule. Nous nous sommes attachés à remettre le produit en conformité sans approfondir le mécanisme correcteur de jaunissement. Très vraisemblablement la bentone est capable d'adsorber ou de neutraliser les espèces migrantes (amines libres) les empêchant d'atteindre la couche de peinture. Parfois nous devons marquer d'un stop certaines études pour satisfaire d'autres demandes des clients.

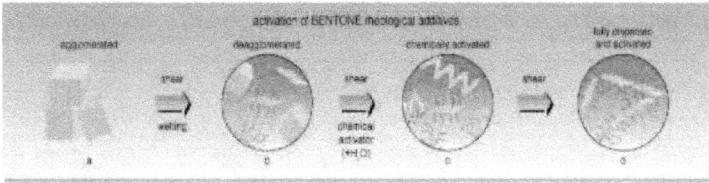

Figure 1.6-Source : Elementis ; Le développement des bentones se fait en milieu polaire sous forte déstructuration. Le gel final introduit dans une matrice de plastisol donne une excellente résistance à la coulure.

Le développement des bentones est produit par un cisaillement élevé. Pour thixotroper les milieux organiques et apporter de la polarité nécessaire à la formation du gel on utilise un alcool comme le butane diol 1,4 qui active l'effet des silices hydrophiles.

La mesure du jaunissement est réalisée avec un colorimètre. On mesure ΔE^* qui dépend des variations sur les 3 axes illustrés ci-dessous :

$$\Delta E^* = [(\Delta L^*)^2 + (\Delta a^*)^2 + (\Delta b^*)^2]^{1/2}$$

ΔL^* = variation de la **clarté** sur l'axe blanc-noir

Δa^* = variation de couleur sur l'axe du **vert -rouge**,

Δb^* = variation de couleur sur l'axe **bleu-jaune**.

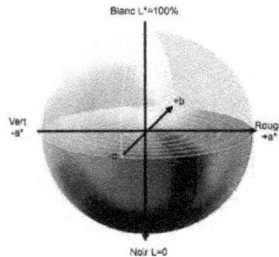

Figure 2.7-Représentation des 3 axes des couleurs.

1.6-MOTS-CLÉS POUR CARACTÉRISER LES PLASTISOLS

ⓐ Vitesse de gélification

ⓑ Traction cisaillement

ⓒ Stabilité en température

ⓓ Etanchéité à l'eau

ⓔ Elongation

ⓕ Absorption d'eau

ⓖ Tenue au Jaunissement

ⓗ Tenue au vieillissement en cataplasme humide

ⓘ Résistance au grenaillage

ⓙ Finesse de broyage

ⓚ Tenue à la corrosion

ⓛ Variation dimensionnelle

Une conclusion sur les formulations à base de PVC

Allez toujours au plus simple souvent synonyme de robustesse. La multiplication des additifs pour atteindre les propriétés est une source de risques cumulés; rappelez-vous quand vous dessinez une spirale vous partez du centre vers l'extérieur, vous soulevez le crayon parce que votre feuille est limitée à son format…

Repérez les résines PVC pseudoplastiques qui apportent un socle sécuritaire pour faire front aux aléas de mise en œuvre.

BIBLIOGRAPHIE

Figure 1 :   http://fr.wikipedia.org/wiki/Construction_automobile.

[1]   Gosselin, Ryan, *Injection de mousses composites bois/plastique post-consommation,* Thèse à l'université Laval, faculté des sciences et de génie, chap.3, 2005.

Figure 1.6 : Documentation de Elementis, fournisseur de matières premières.

Figure 2.7 : http://pcco.online.fr/04fev2011/colorimetrie.htm
[1a]   http://www.techniques-ingenieur.fr/fiche-pratique/materiaux.

Fin du chapitre 1. ■

CHAPITRE 2 : les colles époxydes appliquées sur tôles grasses

2.1-LES TYPES

L'ouvrage « Epoxy Adhesive Formulations » de Edward M.Petrie (Librairie Lavoisier) est un formidable allié des formulateurs : sa consultation est recommandée. [2]

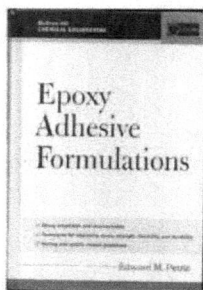

Les DGEBA, la base des des polymères dans les colles réticulables.

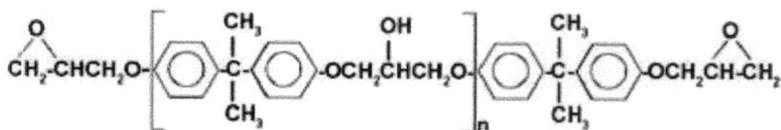

Figure 2.0-Structure de la DGEBA

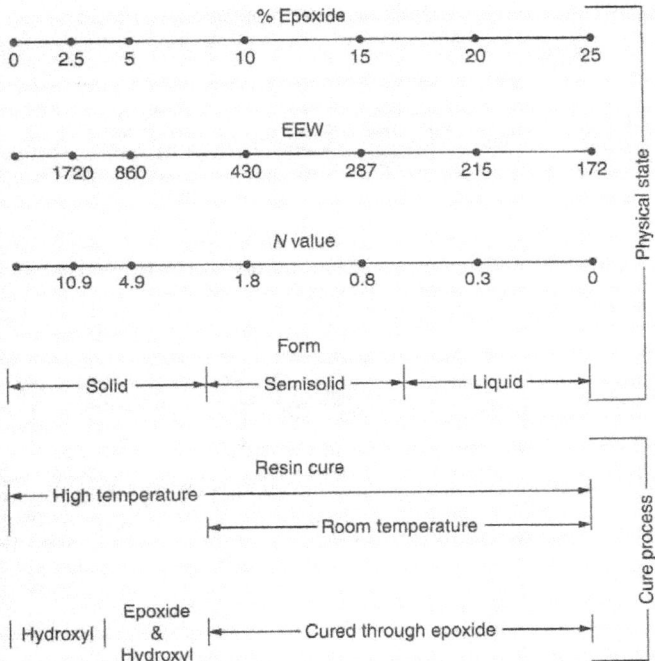

Figure 3.1-Configuration des variantes des DGEBA. EEW=équivalent en époxyde en poids, N = nombre de blocs unitaires, SOURCE Handbook Epoxy Adhesives Formulations, Edward M. Petrie.

Les résines époxydes solides apportent une bonne résistance à la température, en contre partie elles sont moins réactives que les résines liquides. En conséquence le formulateur réajuste la cinétique avec un accélérateur.

L'abaissement de viscosité des compositions époxydes est souvent réalisé avec l'emploi de diluants réactifs ne contenant qu'un oxirane par mole. La partie aliphtatique en C12 à C15 confère un caractère mouillant au milieu, l'oxirane assure la compatibilité chimique :

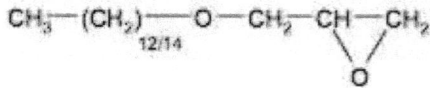

$$CH_3-(CH_2)_{12/14}-O-CH_2-CH-CH_2$$

Structure des diluants réactifs : une longue chaîne terminée par une fonction oxirane.

Les **CTBN** (Carboxy Terminated Butadien Acrylonitrile) disposent d'une partie DGEBA réticulable, d'un bloc polaire (nitrile, carboxyle) et d'un bloc polybutadiène contenant des groupes vinyliques.

34

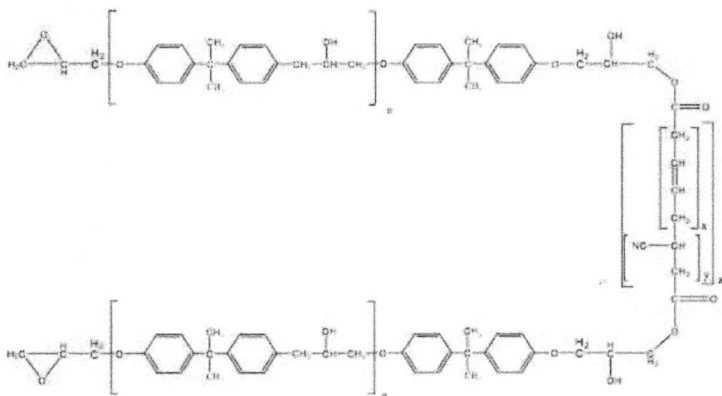

Figure 2.2-Structure du CTBN, résine flexibilisante grâce à son caractère élastomérique.

2.2-APPLICATIONS

Les colles formulées sont compatibles avec le procédé de montage et avec les cycles de cuisson sur les lignes. Quand un arrêt de chaîne se produit, certaines caisses restent dans les étuves de cuisson plus longtemps que les autres : la chimie des colles doit fonctionner aussi bien pour les températures dites basses du procédé que pour les températures dites hautes. Le formulateur avance dans sa conception sur des réponses multiples du cahier des charges avec des facteurs variables (le temps, la température, la nature des huiles d'emboutissage). Dans le cas du renforcement des structures creuses, les compositions sont à l'état de matériau thermoformable emboîté sur des supports métalliques. Ces pièces sont insérrées dans les corps creux comme les montants de pavillon.

Les cycles oxiranes sont les maillons de l'augmentation de masse molaire. Les colles mono composants sont formulées avec la dicyandiamide comme durcisseur qui est stable à température ambiante dans le milieu. La figure 2.1 qui suit montre le schéma réactionnel de la dicyandiamide sur la fonction oxirane. On notera l'équilibre des structures de la DICYANDIAMIDE :

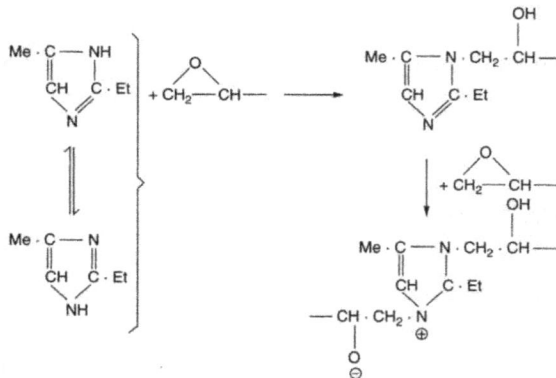

Les oxiranes réagissant avec les amines à température ambiante (rappelez-vous de la fameuse colle Araldite®), on formule séparément la partie durcisseur contenant les amines.

L'amine primaire conduit à un groupe hydroxy aminé, l'amine secondaire réagit à son tour sur un autre groupe oxirane.

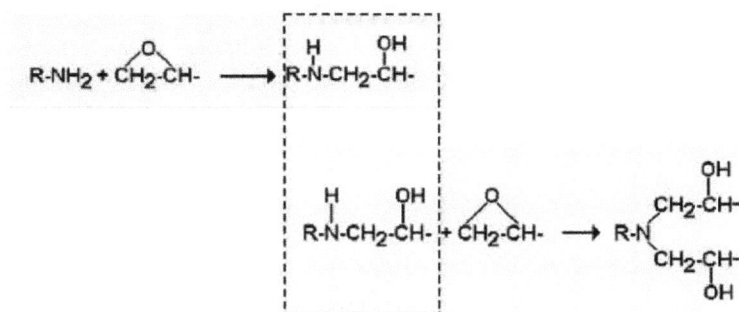

Sur ce principe réactionnel, une diamine construit un maillage dense, donc un matériau rigide. Plus R est long plus les macromolécules s'espacent pour apporter de la flexibilité.

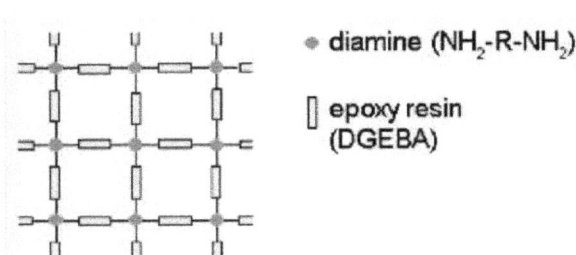

• diamine (NH_2-R-NH_2)

▯ epoxy resin
(DGEBA)

Le terrain de jeu des formulateurs est aussi vaste qu'est la variété des grades proposés par les fournisseurs. Le Handbook cité plus haut fait 520 pages d'informations et de références.

Réussir le collage, c'est d'abord établir un contact optimal de l'adhésif avec le support huilé dans le cas du collage des métaux huilés. Bien souvent compte tenu des variations de températures entre l'hiver et l'été, les colles dites pompables sont chauffées à une température fixe afin de maintenir les paramètres de débits constants. Ce chauffage augmente la mouillabilité de la colle et donc rapproche sa tension superficielle de la tension de surface du métal huilé. Par ailleurs la présence possible de micro bulles d'air prisonnières entre la pâte et les interstices dues à une rugosité non uniforme, sont des sources de perte de surface encollée. Elles prédisposent à devenir des canaux d'infiltration d'eau génératrice de perte d'adhérence. Par prévention ces colles sont débullées en fin de fabrication.

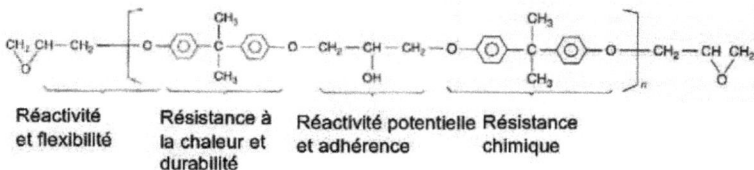

Réactivité et flexibilité Résistance à la chaleur et durabilité Réactivité potentielle et adhérence Résistance chimique

La composition de DGEBA chargée doit « boire » l'huile protectrice du métal

La tension superficielle du métal huilé (32 mJ/m²) est plus proche de celle du polyéthylène

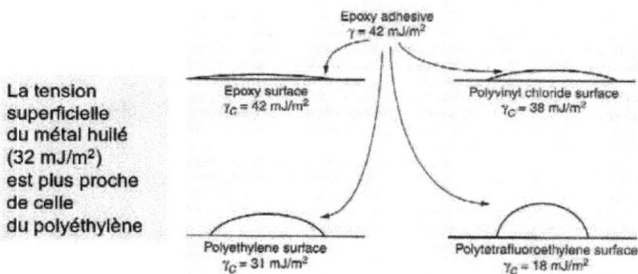

Epoxy adhesive
$\gamma = 42$ mJ/m²

Epoxy surface
$\gamma_C = 42$ mJ/m²

Polyvinyl chloride surface
$\gamma_C = 38$ mJ/m²

Polyethylene surface
$\gamma_C = 31$ mJ/m²

Polytetrafluoroethylene surface
$\gamma_C = 18$ mJ/m²

Réussir le collage, c'est assurer une interface liante entre la composition qui a absorbé l'huile et le métal qui est couramment de la tôle galvanisée et de l'aluminium. Les hydroxyles participent à cet effet ainsi que sur les forces de cohésion de l'adhésif.

38

Réactivité et flexibilité

Résistance à la chaleur et durabilité

Réactivité et adhérence

Résistance chimique

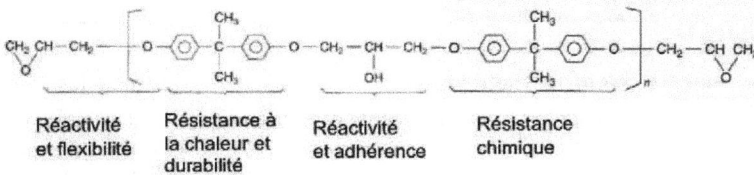

La cohésion du polymère réticulé augmente avec le nombre d'hydroxyle.
(1PSI= 6,9 10^{-3}MPa)

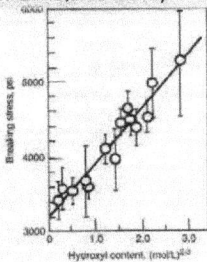

Les cycles aromatiques apportent de la résistance chimique et à la chaleur. La durabilité est affectée par la présence de parties élastomériques ajoutées pour flexibiliser. L'addition de silane à la composition a pour effet de rendre plus hydrophobe l'adhésif final.

Réussir le collage, c'est créer le réseau équilibré entre force et souplesse.

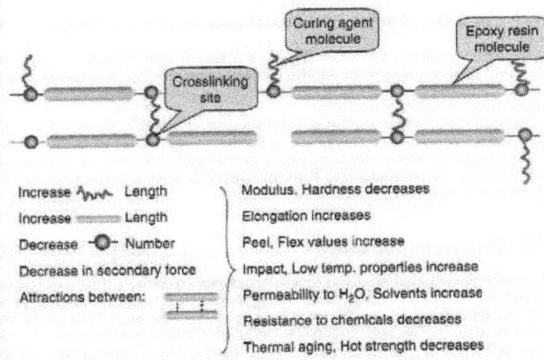

Increase A_{WW} Length — Modulus. Hardness decreases
Increase ==== Length — Elongation increases
Decrease —O— Number — Peel, Flex values increase
Decrease in secondary force — Impact, Low temp. properties increase
Attractions between: — Permeability to H_2O, Solvents increase
— Resistance to chemicals decreases
— Thermal aging, Hot strength decreases

Figure 2.2- Propriétés apportées par l'augmentation des paramètres de longueur des ponts et du squelette. SOURCE : Handbook Epoxy Adhesives Formulations, Edward M. Petrie.

2.4-LA FORMULATION

Les matières premières sont les mêmes que celles utilisées dans les plastisols mis à part les PVC, les agents d'adhérence et les accélérateurs.

....indicative

Résines Epoxydes associées	bloc de 30 à 40%
Diluant époxy donnant de la flexibilité	≈ 3%
Dicyandiamide	≈ 6% de la résine
Accélérateur (1,1-dimethyl-3-phenylurea par exemple)	<0,5%
Charges du type craie ou CCP*	de 20 à 30%
Déshydratant : la chaux vive	≈ 1%
Silice hydrophobe ou hydrophile	≈ 1%
Pigment minéral	entre 0,2 et 1%
Résines additionnelles pour moduler la flexibilité	1% à 3%
Charges anti corrosion comme le métaborate de baryum monohydrate	≈ 1%

*CCP : carbonate de calcium précipité.

En règle générale les produits destinés à être pompés ou co-extrudés avec un durcisseur sont formulés avec des résines liquides. Comme pour tous produits le cahier des charges donne la direction des composants. S'il faut une composition réagissant rapidement on optera pour des résines à moins longue chaîne qui rend le site oxirane plus accessible aux amines (ou aux anhydrides). Le formulateur dosera l'accélérateur sur les critères de temps de réaction. Dans le cas de matériaux épais thermoformés ou bien encore injectés sous pression, les résines solides représentent le choix préférentiel.

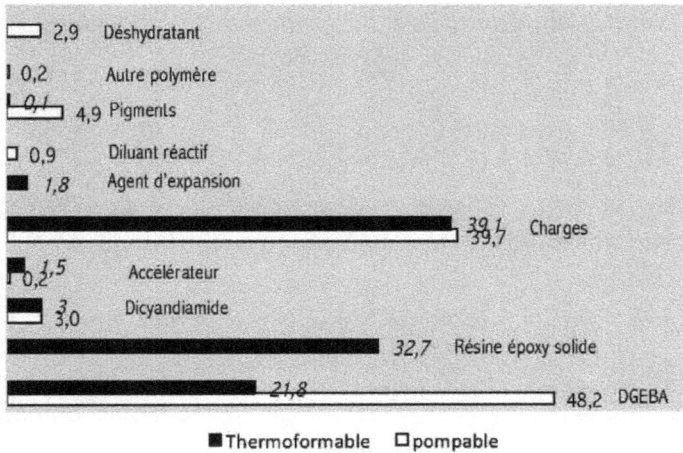

2,9	Déshydratant
0,2	Autre polymère
0,1	
4,9	Pigments
0,9	Diluant réactif
1,8	Agent d'expansion

Figure 2.3-Structures comparées entre une colle époxyde
pompable et une composition thermoformable.

Mode de calcul des quantités stœchiométriques d'amine à opposer
avec une résine époxyde

Exemple avec l'amine Diéthylènetriamine de structure NH2-CH2-
CH2NH-CH2-CH2-NH2 opposée à la résine époxyde DER 331
d'indice époxy EEW de 189 :

a) Calcul du poids équivalent en amine :

Poids équivalent= <u>Masse moléculaire MW de l'amine</u>

Nombre d'hydrogènes actifs

$=103,2/5 = 20,6$

41

b) Calcul du ratio stœchiométrique d'amine à utiliser avec la résine époxyde

Ratio = l'équivalent en poids de l'amine x 100
            équivalent époxy en poids
    = 20,6 x 100 = 10,9
        189

100g de résine époxyde avec une valeur EEW de 189 réagissent stoechiométriquement avec 10,9 g de diéthylènetriamine.

Pour résumer sur l'adhérence des époxydes

Facteurs à effet positif	Facteurs à effet négatif
Les résines époxyde de bas poids moléculaire	Les silices
Les molécules silylées	Les agents mouillants
Les charges enrobées	Les agents thixotropants chimiques
Les charges lamellaires (micas, talc)	Les charges non enrobées à fine granulométrie
Les CTBN	Les charges trop humides
L'indice d'hydroxyle est un facteur favorable	Les plastifiants secondaires (esters de colza)
L'état de surface du support plutôt polaire	
Les additifs silylés	

2.51- Colle Epoxyde bi-composants

Les véhicules AVANTIME aujourd'hui de collection, ont le pavillon collé avec cette colle époxyde qui a tenu au test de torsion sur véhicule.

Partie résine

DER 331 ou VE 4270R ou NPEL 128 (epoxy value 187 eq/g)	25
DER 351 ou NPEF 135 (epoxy value 175 eq/g)	25
WINNOFIL SPT (CaCO$_3$ enrobé)	18
NOIR 101 ou LUVOCARB S (noir de carbone)	1
SCOTCHLITE VS550 (microsphères de verre)	5
CRAIE PR2 ou ETIQUETTE ROUGE (craie naturelle)	22
FLEXARYL SPE 920 (diluant base polyphényle)	3
SILANE A187 (gamma-Glycidoxypropyltrimethoxysilane)	1

Partie durcisseur

EPIKURE 3164 (amine 256 eq/g)	62
WINNOFIL SPT	15
AEROSIL 200 ou CAB-O-SIL M5 (silice hydrophile)	1,25
CRAIE PR2 ou ETIQUETTE ROUGE	20
FLEXARYL SPE 920	1
ANCAMINE KR54	0,75

(amine accélératrice)		

Les propriétés attendues :

aspect	Pâteux	unités
viscosité Brookfield partie A	321000	cP
viscosité Brookfield partie B	154400	cP
traction cisaillement sur tôle galvanisée, joint de 0,5mm	11	Mpa
traction cisaillement sur alu 5182	14	MPa
traction cis. après induction 4min à130°C	1,4	Mpa
Tg* à 40Hz	48,5	°C
module E à 40Hz à 23°C	3010	Mpa
durée de vie en pot 23°C	40-60	min
temps de réticulation à 23°C	7	jours
temps de réticulation à 80°C	17	heure
temps de réticulation à 10min 100°C	70	%
temps de réticulation en induction	5	min
Tg delta à 48.5°C	1,139	
conditions aux limites en induction		
Température	130±10	°C
temps d'induction	4±15sec	min
déphasage	50±3	%
module d'élasticité	454 ± 74	Mpa

Tg* = température de transition vitreuse

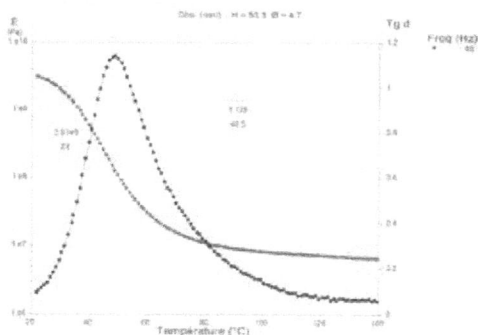

2.52- Une Colle choc pour le crash test

Pour atteindre des forces de traction cisaillement >30 MPa avec une tenue au choc de 20 N/mm, la formulation est plus complexe dans le choix des résines époxydes. Comme les nombreux formulateurs sur cette terre ont autant d'idées, les solutions ont leurs variantes, pourvu que la colle soit au rendez-vous de son application.

Dans un cas particulier, un adduct préalablement préparé à partir d'une résine époxyde solide et d'une amine de haut poids moléculaire conduit à un prépolymère flexibilisant.

	Parties
Résine époxyde solide fondue	9,6
DGEBA 187 eq/g	9,4
DGEBA 240 eq/g	18,5
DGEBA 190 ep/g	25,2
Diluant réactif	14,2
Jeffamine® D2000	23,2

Le seul point de faiblesse est que cet adduct a une durée de vie limitée à deux semaines; utilisé rapidement, il s'intègre facilement au milieu avec au final une excellente stabilité au stockage.

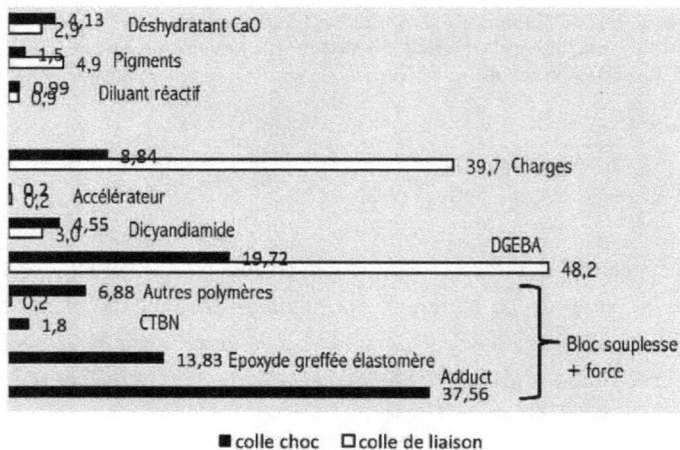

Figure 2.4-Structures comparées entre une colle de liaison et une colle choc, la construction d'un bloc « à synergies » pour assurer de la souplesse (allongement d'environ 4%) et de la cohésion (20MPa) est impérative.

2.6-MOTS-CLES POUR CARACTÉRISER LES EPOXYDES

ⓐ Vitesse de gélification

ⓑ Traction cisaillement

ⓒ Stabilité en température

ⓓ Etanchéité à l'eau

ⓔ Elongation

ⓕ Absorption d'eau

ⓖ Tenue au Jaunissement

ⓗ Tenue au vieillissement en cataplasme humide

ⓘ Résistance au grenaillage

ⓙ Finesse de broyage

ⓚ Tenue à la corrosion

ⓛ Variation dimensionnelle

ⓜ Enthalpie de réaction

ⓝ Taux de réticulation

ⓞ Facteur de perte, méthode Oberst

ⓟ Température de transition vitreuse

Conclusion sur les époxydes

Leur réputation dans les multiples applications mobilise toujours les scientifiques grâce aux évolutions proposées par les fabriquants. Elles participent à l'élaboration de matériaux composites pour alléger de nouvelles structures renforcées, le défi est de remplacer certains alliages.

Dans le contexte automobile la tendance est de les substituer par des chimies à base de polybutadiène, moins sensibilisant, que nous évoquons dans le chapitre 3.

BIBLIOGRAPHIE

[2] Petrie, Edward M., *Epoxy Adhesive Formulations*, McGRAW-HILL, 2006, 535p., chemical engineering, ISBN 0-07-145544-2.

Figures 2.1 et 2.2 + tensions de surface + graphe breaking stress versus hydroxyl content : [2]

Fin du chapitre 2. ■

CHAPITRE 3 : les compositions de polybutadiène et de butyle appliquées sur tôle grasse

3.1-STRUCTURES DES POLYMERES POSSIBLES

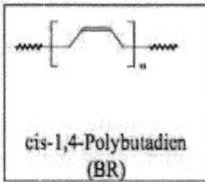

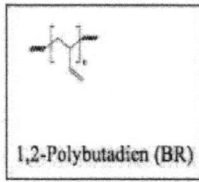

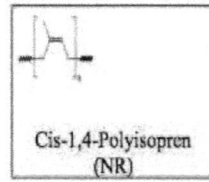

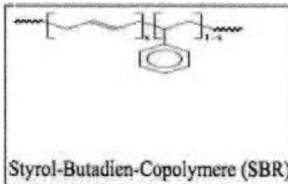

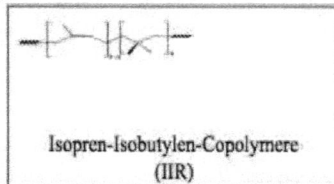

cis-1,4-Polybutadien (BR)

1,2-Polybutadien (BR)

Cis-1,4-Polyisopren (NR)

Styrol-Butadien-Copolymere (SBR)

Isopren-Isobutylen-Copolymere (IIR)

Ces polymères de forte masse molaire sont des caoutchoucs synthétiques que l'industriel calandre pour orienter les macromolécules. Cette opération rend les butyles plus intégrables dans les mélanges.

Le groupe KURARAY a développé une large gamme de polybutadiènes liquides fonctionnalisés:

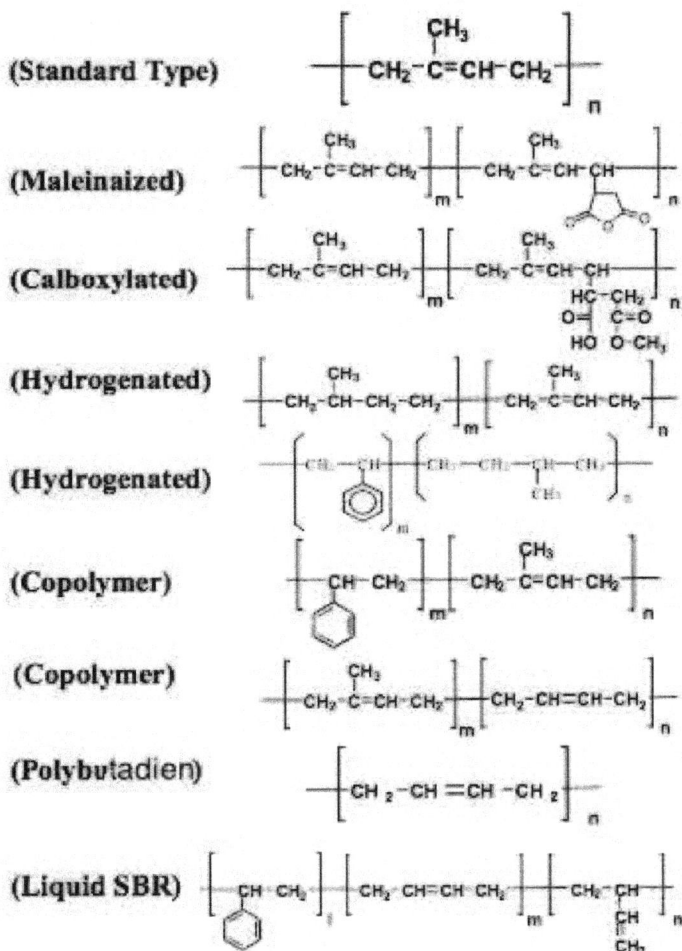

(Standard Type)

$$\left[CH_2-\underset{\underset{CH_3}{|}}{C}=CH-CH_2 \right]_n$$

(Maleinaized)

$$\left[CH_2-\underset{\underset{CH_3}{|}}{C}=CH-CH_2 \right]_m \left[CH_2-\underset{\underset{CH_3}{|}}{C}=CH-CH \right]_n$$

(Calboxylated)

$$\left[CH_2-\underset{\underset{CH_3}{|}}{C}=CH-CH_2 \right]_m \left[CH_2-\underset{\underset{CH_3}{|}}{C}=CH-CH \right]_n$$

(Hydrogenated)

$$\left[CH_2-\underset{\underset{CH_3}{|}}{CH}-CH_2-CH_2 \right]_m \left[CH_2-\underset{\underset{CH_3}{|}}{C}=CH-CH_2 \right]_n$$

(Hydrogenated)

(Copolymer)

$$\left[CH-CH_2 \right]_m \left[CH_2-\underset{\underset{CH_3}{|}}{C}=CH-CH_2 \right]_n$$

(Copolymer)

$$\left[CH_2-\underset{\underset{CH_3}{|}}{C}=CH-CH_2 \right]_m \left[CH_2-CH=CH-CH_2 \right]_n$$

(Polybutadien)

$$\left[CH_2-CH=CH-CH_2 \right]_n$$

(Liquid SBR)

Source : KURARAY [3]

49

📎Les familles d'élastomères de polybutadiène à l'état liquide/résine sont aussi des polymères industriels. Il existe chez les fournisseurs une large gamme de polybutadiènes non modifiés ou fonctionalisés par greffage de l'anhydride maléique. Les variables sur ces polymères sont la masse molaire avec une distribution large ou étroite, la conformation (cis ou trans), le taux de vinyl 1,2, le taux de greffage avec l'anhydride maléique, le taux de styrène ou d'isoprène, etc…

> **Pour éclairer le lecteur :**
> - Plus le taux de vinyl 1,2 est élevé plus les polymères réticulés sont denses, donc plus la colle qui le contient est rigide.
> - Plus la distribution est étroite plus la viscosité est basse et aussi plus la flexibilisation est atteignable de part un caractère huileux.
> - Plus le taux d'anhydride maléique est élevé plus la polarité s'élève, donc meilleure est l'adhérence de la colle sur les métaux. Mais plus la viscosité monte….alors l'imagination s'emploie à trouver l'équilibre.
> - La flexibilité des colles diminue avec le taux de styrène donneur de cristallinité.

Le polybutadiène comme le poly BD R45 HTLO de chez Sartomer [4] est un polymère hydroxylé utilisé dans les polyuréthanes ; cependant si on l'oppose à un polybutadiène modifié anhydride maléique la réaction d'estérification conduit à un polyester de forte masse molaire. C'est le concept d'un élastomère bi-composant vulcanisable dont la première phase de durcissement fige le produit sur son support. Sous l'effet d'une montée en température le soufre ponte les doubles liaisons pour créer un réseau plus dense exploitable du point de vue des propriétés mécaniques.

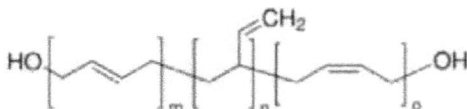

Structure du polybutadiène hydroxylé intéressant pour sa double fonctionnalité.

Encore une fois je recommande l'ouvrage « Rubber Technologist's Handbook » édité par J.R. White et S.K. De riche d'enseignements sur la chimie des caoutchoucs. [5]

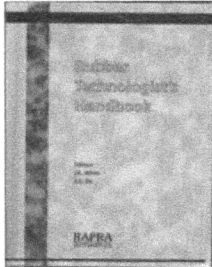

3.2-APPLICATIONS DANS L'INDUSTRIE L'AUTOMOBILE

Les compositions sont des polymères associés à des charges et aux réactifs nécessaires. Compte tenu de leur caractère aprotique les polymères présentent une bonne aptitude à absorber l'huile d'emboutissage. Par conséquent le contact matière support gras n'est pas un obstacle à leur usage.

Cette chimie est utilisée pour assurer diverses fonctions.

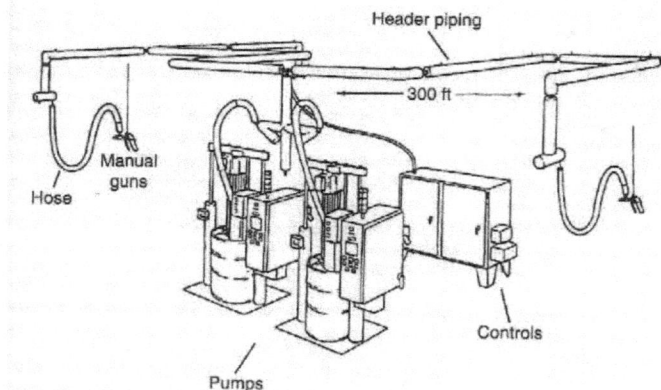

Figure 3.1-Installation type d'un groupe de pompage

3.21 La fonction collage de sertis

Une porte est constituée d'une peau extérieure et d'une peau intérieure. Leur assemblage est réalisé par sertissage qui consiste à pincer le rebord de l'une des peaux sur l'autre. La colle emprisonnée assure après cuisson de la cataphorèse le maintien et l'étanchéité.

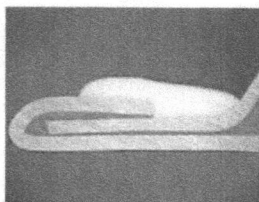

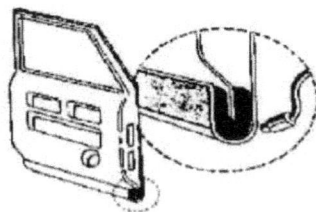

Figure 3.2- La Colle de sertis garantit l'assemblage. Le cordon de recouvrement assure l'étanchéité.

Figure 3.3-Encollage sur le pourtour des portes.

52

3.22 La fonction d'étanchéité-calage

Certaines pièces assemblées comme les capots sont rigidifiées à l'aide de
barres de renfort. En plaçant des cordons contre ces pièces, ceux-ci les
calent tout en assurant l'étanchéité sans déformer les tôles. L'assemblage
est démontable, en conséquence la cohésion du matériau est faible
(inférieure à 0,5MPa).

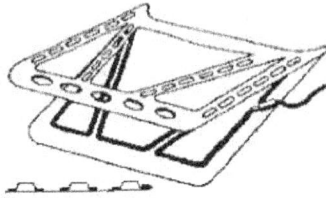

Figure 3.4-Encollage de calage sur la pièce de rigidification des
capots.

3.23 La fonction d'amortissement vibratoire

Tout véhicule qui roule subit des vibrations. Les chemins préférentiels
des ondes passent par les structures rigides. Les panneaux de grande
surface sont donc transmetteurs de ces vibrations. Le traitement par
dépose des matériaux organiques s'impose pour insonoriser les véhicules.
Les zones les plus sensibles sont le pavillon, les portes et le plancher. La
fonction amortissement est traitée soit en atelier tôlerie, soit en atelier
peinture.

53

Figure 3.5-Amortissant vibratoire projeté sur doublure de capot au stade ferrage

Figure 3.6-Plaques amortissantes fusibles déposées sur tôle cathaphorèsée.

Figure 3.7-Modes d'application :

◄ Flat Stream : projection en un jet plat, le produit passe dans une buse équipée d'une fente

◄ Airless : projection par éclatement au passage de la buse

◄ Extrusion : dépose par poussée au travers d'une buse à fente large

3.24 La fonction d'étanchéité air-eau à l'intérieur des corps creux

Les montants des véhicules étant creux, ceux-ci sont des couloirs de résonnance pour l'air. Le constructeur distribue la position des « bouchons » pour leur meilleure efficacité révélée par les études acoustiques. Les produits à base de butyle sont introduits sous forme de cordons tackants sur les zones à traiter. Au passage dans les étuves la matière réticule simultanément avec la formation de gaz pour conduire à une mousse qui comble les cavités. Le bouchon stoppe l'air et fait de l'étanchéité à l'eau.

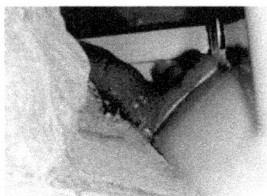

Figure 3.8-Butyle expansé dans un corps creux capable de s'expanser jusqu'à 800%.

3.3-REACTIVITE

3.31 La vulcanisation

La vulcanisation est obtenue par réaction du soufre sur les doubles liaisons pour construire des ponts comme indiqués sur le schéma réactionnel suivant [6],[7]:

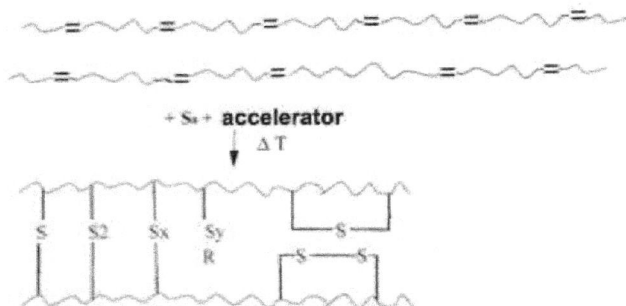

3.32 Les peroxydes

Les peroxydes utilisés sont souvent le peroxyde de di benzoyle ou le peroxyde de cumène :

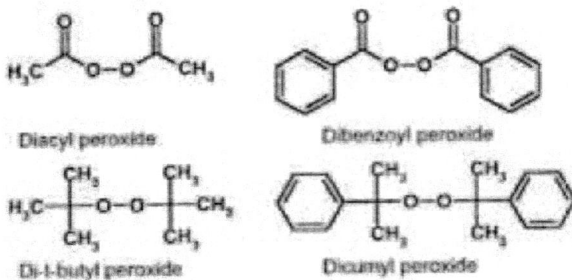

Diacyl peroxide Dibenzoyl peroxide

Di-t-butyl peroxide Dicumyl peroxide

3.33 La benzoquinone dioxime

La molécule réagit facilement à des températures inférieures à 100°C sur les doubles liaisons selon le mécanisme suivant :

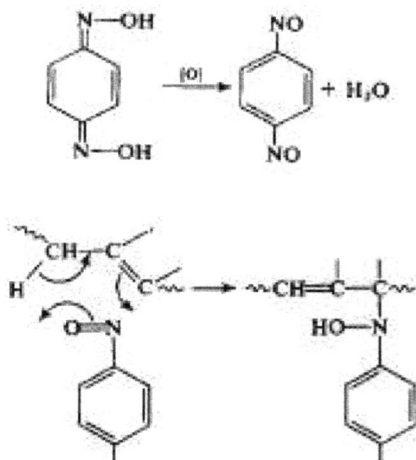

Souvent empatée dans une huile, la benzoquinone dioxime est facilement
dispersable dans le mélange moyennant le respect de la température <
70°C.

3.34 Les oxyde métalliques

Les oxydes métalliques comme l'oxyde de zinc actif et l'oxyde de
magnésium sont indiqués pour réticuler les butyles halogénés. Agissant
en acide de Lewis l'oxyde de zinc se substitue à l'halogène par création
d'une liaison C-O-Zn-Cl elle qui à son tour réagit sur un autre site
halogéné pour créer un nouveau pontage par –O- . Le chlorure de zinc
formé réagit avec l'oxyde de magnésium pour régénérer l'oxyde de zinc.
[6]

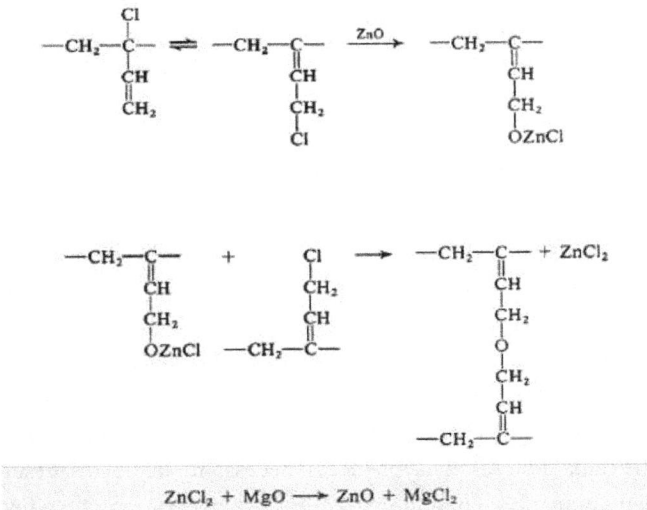

$$ZnCl_2 + MgO \longrightarrow ZnO + MgCl_2$$

Ce mécanisme a été utilisé pour construire le réseau d'un butyle gonflant dont je développerai une stratégie de formulation plus loin.

3.4-LA FORMULATION

Le tableau ci-dessous montre les quantités relatives en composés pour 100 parties de polymère. Le taux de soufre augmente pour aller de la fonction bouchonnage vers la fonction liaison pendant que celui des charges et du plastifiant baisse.

Substance	Butyle expansible	Calage	Colle de liaison
Polymères liquides+solides	100	100	100
Charges	194	177	79
Soufre	1,9	9	38
Oxydes métalliques	26	7	19
Stabilisants	0,2	1,9	0,9
Pigments	11	1,9	0,9
Plastifiant	56	12	-
Agent d'expansion	49	-	-
Additifs	5	-	-
Accélérateurs	17	3	36

Passons en revue les constituants :

Les polymères. En général les formules associent les solides (les butyles) avec les polybutadiènes liquides selon la fonction recherchée. Si on formule un produit pompable le taux de butyle est environ de 5% et c'est dans le procédé de fabrication que l'intégration du solide est réalisée. Pour les produits finaux solides-pateux que l'on met en forme par extrusion, le ratio de butyle est élevé. Afin de faciliter l'accès du soufre aux doubles liaisons il est nécessaire de le disperser dans un milieu compatible comme une huile et/ou avec le polybutadiène liquide

58

plus réactif. Le formulateur est en mesure d'utiliser aussi des chloro butyles et des bromo butyles dont les halogènes labiles entrent dans la réaction de réticulation ultérieure.

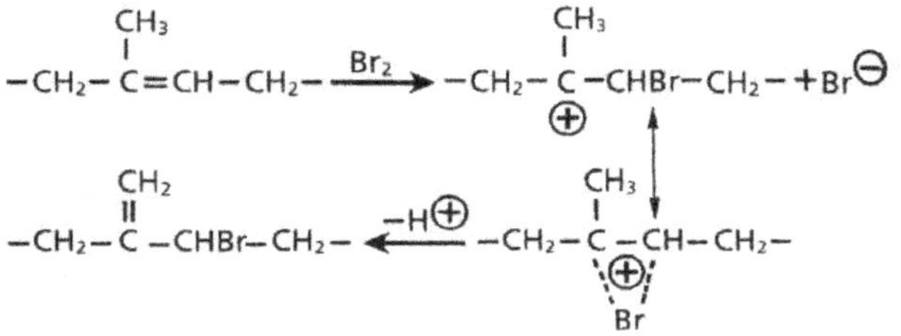

Figure 3.10 -Mécanisme réactionnel du brome sur le polybutadiène pour synthétiser le bromo butyle. [5]

Les polymères solides apportent les propriétés suivantes :
- Une Viscosité élevée de part les longues chaînes
- La Souplesse puisque les doubles liaisons sont plus éloignées que celles des polybutadiènes liquides
- Une bonne résistance à l'eau (caractère aliphatique)
- Des propriétés d'amortissement favorables
- Une bonne résistance chimique
- Une aptitude à la formation de matériaux alvéolaires

L'amélioration des propriétés amortissantes est nettement optimisée avec l'introduction de copolymères à blocs contenant des groupes styréniques associés à des chaînes élastomériques. De cette manière des produits de calage confèrent, en plus de lier les tôles, une capacité à amortir les vibrations des tôles. Bien coller ne rime pas forcément avec liaison forte, en effet un joint rigide ne supporte pas nécessairement des sollicitations, autant faire une jonction résiliante.

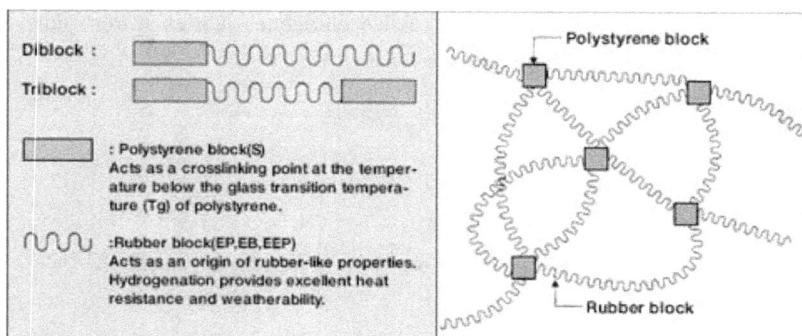

Figure 3.11 -Famille des SEPTONS et HYBRAR, Source : KURARAY.

Les charges. Ce sont les mêmes que celles utilisées dans les plastisols. Leur rôle varie cependant avec les produits. Dans le cas des butyles mis en forme par extrusion, elles interviennent dans leur dispersion initiale pour limiter la montée en température. En effet dans un malaxeur à pâles en Z utilisé pour le mélangeage, le travail des caoutchoucs par étirement sans les charges provoque une montée de température pouvant dépasser 100°C. Le risque est d'oxyder le caoutchouc qui réticule dans la machine. Le travail du concepteur consiste à la mise au point du procédé d'intégration de toutes les substances en respectant leurs comportements critiques (points de décomposition, oxydation, réactivité).

Concernant les produits dits pompables les charges sont utilisées pour la tenue à la coulure. Le talc est le choix utile pour faciliter l'écoulement dans les conduits des groupes de pompage. Le graphite, lubrifiant naturel de part sa structure en couches, est un lubrifiant pour la mécanique des pompes.

Le soufre. C'est le vulcanisant utilisé sous forme de poudre jaune dont la granulométrie est de quelques microns. On imagine facilement que lors

60

des fabrications les points de surchauffe déclenchent la réaction sur les sites vinyliques. Le refroidissement des équipements est crucial.

Les accélérateurs. Comme le nom l'indique leur rôle est d'accélérer la cinétique de vulcanisation. En voici 3 exemples assez couramment utilisés, il s'agit dans l'ordre du 2- mercaptobenzothiazole, du bisulfure de benzothiazole et du 2-mercaptobenzothiazole de zinc. Ils sont dans leur ordre de réactivité croissante.

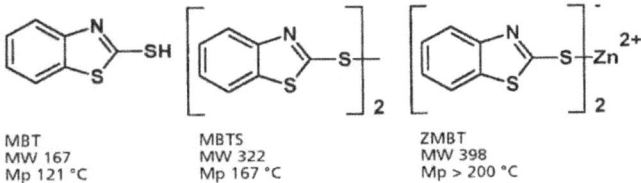

MBT
MW 167
Mp 121 °C

MBTS
MW 322
Mp 167 °C

ZMBT
MW 398
Mp > 200 °C

Les agents d'expansion. Il s'agit de l'azodicarbonamide évoqué au chapitre 1 ou bien d'agents gonflants encapsulés.

Les huiles. Les huiles paraffiniques à faible teneur en soufre et en substances aromatiques plastifient les butyles dans leur mise en œuvre. Leur caractère aliphatique renforce l'hydrophobie du produit final.

Les agents d'adhérence. Dans cette technologie les polymères greffés avec l'anhydride maléique sont recommandés pour le collage sur les métaux comme l'acier galvanisé et l'acier. Pour étendre cette propriété à des métaux comme l'aluminium le formulateur a recours à l'association de molécules polaires comme les diacrylates ou les diméthacrylates de zinc de formule :

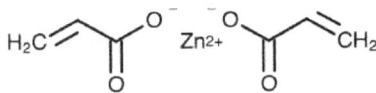

$$CH_2=\overset{\overset{\displaystyle O}{\|}}{\underset{\underset{\displaystyle CH_3}{|}}{C}}-C-O-Zn-O-\overset{\overset{\displaystyle O}{\|}}{C}-\underset{\underset{\displaystyle CH_3}{|}}{C}=CH_2$$

[Zinc Dimethacrylate]

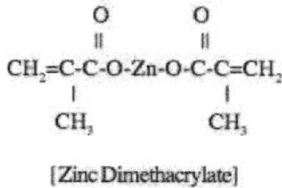

Ces sels organiques forment des liaisons ioniques qui apportent une stabilité au vieillissement et améliorent les propriétés mécaniques :

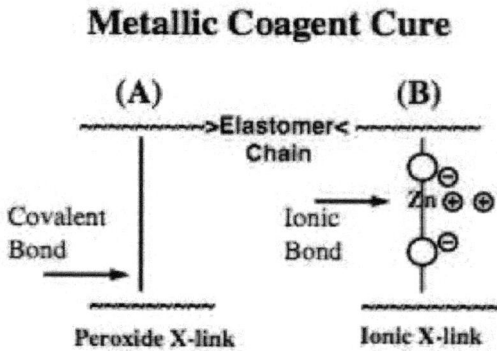

Metallic Coagent Cure

Figure 3.12 –les diacrylates de zinc réticulent par formation de liaisons ioniques, Source SARTOMER, saret 633.

Le diacrylate de zinc Saret SR633 contient un retardateur de réticulation au peroxyde, il ne convient pas dans le milieu des polybutadiènes, des risques d'apparition de grains sont évités par l'emploi du Saret SR706.

62

Certaines molécules sont greffées avec des fonctions phosphates sur une structure réactive vis à vis d'agents de réticulation comme le soufre et les peroxydes. Le groupe phosphate assure l'adhérence sur le métal, le reste du polymère donne la cohésion au réseau.

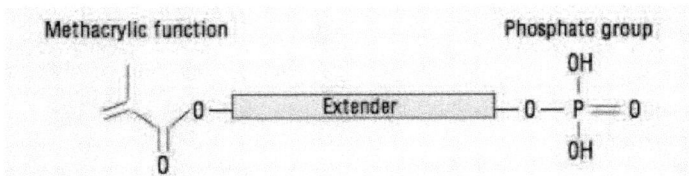

Figure 3.13 - les grades des Sipomer® PAM réactifs avec les élastomères et les méthacrylates, source: RHODIA.

En ce qui concerne l'aluminium, plus sa teneur en magnésium est élevée plus il est difficile à coller.

🖋 Pour résumer sur les matières premières :

Mesure de la propriété	Viscosité et seuil d'écoulement (A)	Tack (P)	vitesse de durcissement (C)	Adhérence et cohésion (D)	Tenue en température (E)	Absorption d'eau, étanchéité (F)	résistance à la corrosion (G)	Remplissage de cors creux (N)	Souplesse (I)	Tenue au choc (O)	Perte dans le bain de dégraissage (M)	Amortissement (L)
Sens recherché	↘	↗	↗	↗	↗	↘	↗	↘	↗	↗	↘	↗
Les polybutadiènes solides	−	−	−	+	+	++	++	++	++	++	++	++
Les polybutadiènes liquides	+	−	+	−	+	+	+	+	+	+	−	+
Les polybutadiènes greffés anhydride maléique	−	−	+	++	−	−	+	−	+	+	−	+
Les polymères saturés	+	++	−−	−	+	++	++	+	++	++	+	+
Le soufre	=	=	+	+	+	+	+	−	±	+	=	±
La benzoquinone dioxime	=	=	++	+	+	±	+	++	++	−	=	−
Oxydes de Zn et de Mg	=	=	++	++	+	+	++	+	+	+	+	+
Les sels organo métalliques	=	=	+	++	+	+	+	±	++	+	=	±
Les accélérateurs	=	=	++	+	+	+	+	+	+	++	=	±
Les craies naturelles	++	±	=	+	=	−	±	±	−−	−−	+	±
Les craies enrobées	++	±	=	++	=	+	±	±	−−	−−	++	±
Les Talcs	++	±	=	++	=	−−	−	±	−−	−−	++	±
Les silices pyrogénées	+	−	=	−−	=	−−	−	=	−−	−−	++	=
Les agents d'expansion	=	=	=	−−	=	−−	±	++	−−	−−	=	−−

	A	P	C	D	E	F	G	N	I	O	M	L
Les pigments	±	=	±	±	=	=	=	=	=	±	±	±
Les plastifiants	+	++	++	+	±	–	±	++	++	++	––	±
Les stabilisants	=	=	=	±	++	+	+	+	+	+	=	±
Les huiles	±	–	––	––	+	++	++	++	+	–	–	±
Le graphite	+	=	=	++	=	=	=	=	±	=	=	++
Le bitume fossile	––	+	–	+	=	++	++	–	+	=	++	++

Ⓐ Rhéomètre

Ⓟ Test de pelage

Ⓒ Rhéomètre en oscillation

Ⓓ Traction cisaillement – pelage

Ⓔ Dégradation des forces en traction cisaillement

Ⓕ Immersion dans l'eau à 55°C pendant 10 jours

Ⓖ Cycles climatiques

Ⓝ Taux d'expansion – test sur maquette – coefficient d'absorption phonique

Ⓘ Courbure sur mandrin – Allongement

Ⓞ Chute d'une masse d'une hauteur de 1 mètre – choc sur pendule

Ⓜ Immersion ou aspersion dans un bain de dégraissant de pH13 à 60°C

Ⓛ Coefficient d'amortissement ou facteur de perte par la méthode Oberst

🐫 *Pour résumer sur l'adhérence des polybutadiènes*

Facteurs à effet positif	Facteurs à effet négatif
Les polybutadiènes modifiés anhydride maléique	Les silices
Les molécules silylées	Les agents mouillants
Les charges enrobées	Les agents thixotropants chimiques
Les charges lamellaires (micas, talc) qui favorisent les faciès de rupture	Les charges non enrobées à fine granulométrie
Les acrylates et métacrylates de zinc	Les charges trop humides
Les polymères fonctionnalisés phosphate	Les plastifiants secondaires (esters de colza)
Le graphite	
La combinaison des mécanismes de réticulation	
Les molécules silylées	

3.5- EXEMPLES CREATIFS

3.51-Adhérence sur l'acier

En général les constructeurs utilisent la tôle galvanisée grasse. Les produits à base de butyle et de polybutadiène liquide adhèrent convenablement moyennant l'emploi de polymères modifiés avec l'anhydride maléique, en voici un exemple :

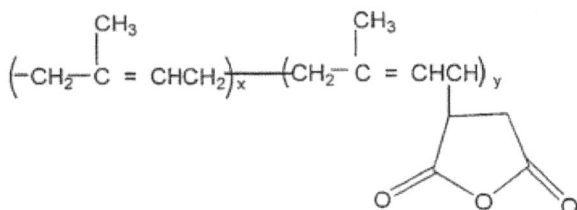

🖊 Au cours d'une étude d'une colle de structure, nous nous sommes heurtés à l'exigence de l'adhérence sur l'acier. Pour des températures de 160°C l'adhérence était correcte, mais elle était perdue après cuisson à 195°C. Le faciès (dit « RA » pour rupture adhésive) montrait un changement de couleur de l'acier rappelant la teinte de la pyrite de formule FeS. L'adhérence était retrouvée en baissant le soufre, mais les forces chutaient.

C'est le gamma-mercaptopropyltrimethoxysilane qui a permis d'avancer vers l'adhérence en protégeant le fer contre la formation de FeS (couleur bleutée au reflet jaunâtre). Parallèlement la réaction parasite des méthoxysilanes sur la silice hydrophile obligeait à augmenter cette charge coûteuse. La silice hydrophobe a été introduite pour modérer le taux de réactif.

Gamma-mercaptopropyltrimethoxysilane :

Le Duralink™ HTS (Hexamethylene-1,6-bis (thiosulfate), disodium salt, dihydrate) a été ajouté en complément pour ses actions sur l'abaissement du nombre d'atomes de soufre dans les ponts et l'augmentation des liaisons monosulfidiques CS. Le Pontage des chaînes par le Duralink™ HTS en présence du soufre permet de baisser son taux et donc de limiter la formation de FeS sur l'acier.

Formule du Duralink™ HTS :

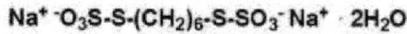

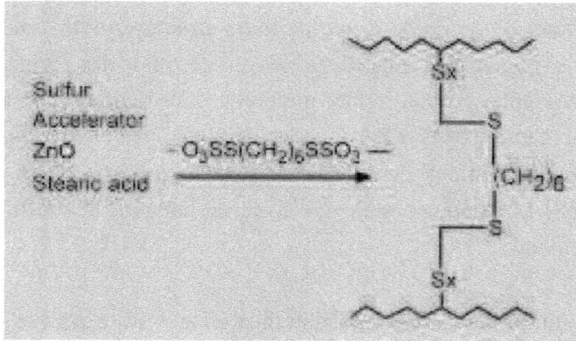

$$Na^+ \: {}^-O_3S\text{-}S\text{-}(CH_2)_6\text{-}S\text{-}SO_3^- \: Na^+ \cdot 2H_2O$$

Figure 3.14 –Pontage par le Duralink™ HTS, Source : Fred Ignatz-Hoover, Flexsys America, Byron To, Chem Technologies, ED Terryll, Arkon rubber Development Laboratory.

Pour obtenir le collage de l'acier il est impératif de réduire le taux de soufre.

3.52-Adhérence sur composite SMC

Le SMC (Sheet Moulding Compound) est un composite constitué de résine polyester et de fibres de verre. Il est utilisé pour réaliser certaines parties des véhicules comme les ailes avant et les hayons. Dans les procédés de collage entre composites ce sont les colles polyuréthanes qui sont habituellement utilisés.

Composition approximative du SMC :

Fibres de verre	20%
Résine polyester	25%
Charge minérale	48%
Autres	7%

Certains constructeurs ont fait développer des SMC résistants à haute température pour le collage mixte SMC-acier galvanisé. Dans cette configuration où le passage dans les étuves de cuisson est incontournable, les polyuréthanes ne sont plus recommandés. S'ils adhèrent sur le composite, ils ne se prêtent pas au collage de l'acier galvanisé huilé. La colle à base de polybutadiène vulcanisable a donc été développée.

Habituellement les colles réactives destinées au collage du métal sont constituées de polybutadiène liquide combiné avec du polybutadiène modifié anhydride maléique. Même avec les adjuvants ces colles n'adhèrent pas sur les SMC qui gardent souvent en surface des traces d'agent de démoulage. Le Polyvest OC800 qui est un polybutadiène malénéisé et greffé avec de l'anhydride succinique apporte une solution intéressante.

	Parties	
Polybutadiène modifié anhydride maléique et anhydride succinique	51	
SOUFRE	9	
ZBEC (Zinc bis(dibenzyldithiocarbamate))	0,3	(1)
MBTS	8	
Anti oxydant	0,5	
OXYDE DE ZINC non actif	4	
Talc	8	

Noir de carbone	0,5
Silice hydrophile	6,7
Carbonate de calcium précipité	4
Copolymère de butadiène carboxylé	5 (2)
contenant 26% d'acrylonitrile	
Chaux vive	3

(1) Le ZBEC est un accélérateur de vulcanisation qui permet de vulcaniser à des températures voisines de 130°C.

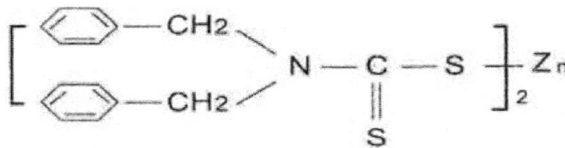

Structure de l'accélérateur ZBEC

(2) Ce copolymère présente 3 avantages : il est vulcanisable grâce à ses doubles liaisons, ses fonctions carboxyliques donnent de l'adhérence et sa longue chaîne apporte la flexibilité au matériau final.

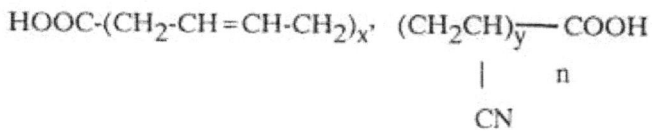

Structure des copolymères CTBN : polarité+souplesse+réactivité potentielle.

Les propriétés attendues sont les suivantes :
(TC= traction cisaillement)

Mode de cuisson	Conditions	valeur
1h 200°C	Joint de 1mm, SMC/ acier galva	5 MPa
155°C et 195°C	Joint de 0,2 mm galva/galva	13 MPa
Induction 30 sec 220°C	Joint de 0,2 mm	1,2 MPa
60 sec 220°C		2,8 MPa
90 sec 220°C		3,4 MPa
Induction 30 sec 210°C	Joint de 0,2 mm	0,8 MPa
60 sec 210°C		2,2 MPa
90 sec 210°C		2,8 MPa
Pelage à angle droit	Joint de 0,2mm	5000 à 5500 N/mm
Tenue au choc sur pendule, impact de 50 joules	Joint de 0,2mm	7 à 9 KN/m
Allongement selon cycles de cuisson	haltère	4 à 30%

3.53-Les amortissants vibratoires

Le challenge qui nous a été donné fut d'apporter du renfort et de l'amortissement sur une doublure de capot en aluminium. La surface à traiter étant non plane, l'usage de plaques amortissantes fusibles (à base de bitume et de charges lourdes) n'était pas envisageable. Pour mener cette conception nous avons suivi la méthode TRIZ [15] :

71

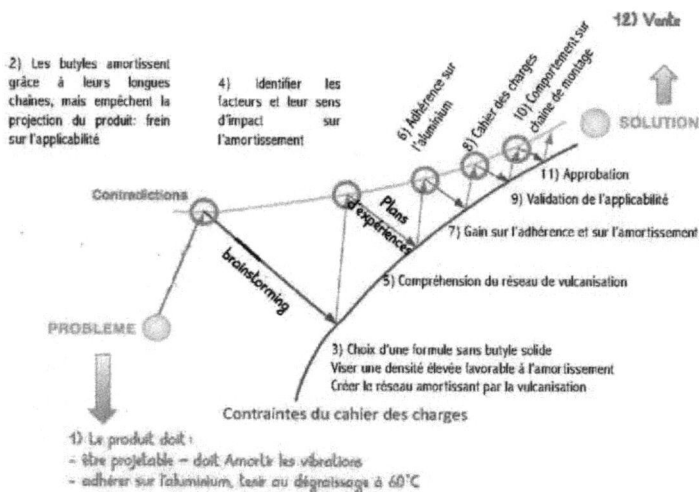

12) Vente

2) Les butyles amortissent grâce à leurs longues chaines, mais empêchent la projection du produit: frein sur l'applicabilité

4) Identifier les facteurs et leur sens d'impact sur l'amortissement

6) Adhérence sur l'aluminium

8) Cahier des charges

10) Comportement sur chaine de montage

SOLUTION

Contradictions

Plans d'expériences

brainstorming

11) Approbation

9) Validation de l'applicabilité

7) Gain sur l'adhérence et sur l'amortissement

5) Compréhension du réseau de vulcanisation

PROBLEME

3) Choix d'une formule sans butyle solide
Viser une densité élevée favorable à l'amortissement
Créer le réseau amortissant par la vulcanisation

Contraintes du cahier des charges

1) Le produit doit :
- être projetable – doit Amortir les vibrations
- adhérer sur l'aluminium, tenir au dégraissage à 60°C

Figure 3.16 : Développement du premier amortissant vibratoire projetable au stade ferrage.

Le pouvoir amortissant se mesure par la méthode Oberst traitée dans le chapitre 7. Il s'agit de réticuler du produit sur une barre d'acier d'épaisseur de 1mm, de largeur 10mm et de longueur de 230mm. En l'absence d'appareil Oberst l'expert fixe avec la paume de sa main l'une des extrémités sur une table, de l'autre il courbe la barre et la relâche. Quand la barre se fige rapidement il y a amortissement, sa vibration plus durable signifie que le matériau est sujet à la raideur du métal donc non amortissant. Vous avez compris qu'un formulateur anticipe sur les mesures pour se faire une idée de ses essais. Pour poursuivre, le principe de l'Oberst est d'exciter la barre à différentes fréquences et d'analyser sa

72

réponse à l'aide d'un capteur. La méthode mesure le facteur de perte calculé à 200Hz. Qui dit mesure, dit comparaison donc un indicateur appelé réponse dans les plans d'expériences.

3.531 Un exemple de plan d'expériences pour optimiser l'amortissement. Si vous souhaitez approfondir cette méthodologie, les ouvrages ci-après vous aideront:

"*Statistics for experimetenters*", An introduction to Design, Data Analysis, and model Building, George E.P.Box, William G.Hunter, J.Stuart Hunter. [8]

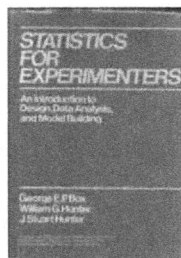

"*Les plans d'expériences, de l'expérimentation à l'assurance qualité*", Gilles Sado et Marie-Christine Sado. [9]

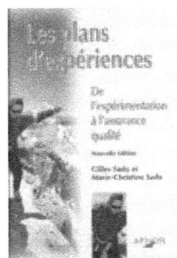

"*Statistique appliquée à l'expérimentation*", M.Moreau et A.Mathieu.[10]

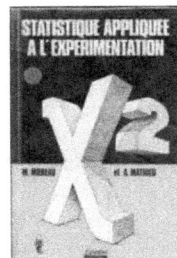

Un autre exemple d'étude innovante est celui de la mise au point d'un amortissant extrudable avec des buses larges. Celui-ci fut conçu à partir des acquisitions de l'amortissant projetable. Cette contrainte d'une viscosité plus élevée moins contraignante a permis d'utiliser du butyle et une charge naturelle amortissante diluable dans le milieu aliphatique : un bitume solide hydrophobe.

Trois facteurs acteurs du réseau ont fait l'objet de cette étude pour trouver un optimum :

1. Le réticulant soufre X1 qui crée le réseau,
2. Un accélérateur X2 qui agit sur la cinétique,
3. Un polymère de poly isoprène liquide X3 qui apporte la souplesse, en mélange binaire avec un polybutadiène à taux élevé de vinyls 1,4.

Nous avons choisi d'utiliser les réseaux de DOEHLERT [14] pour construire 13 essais pour les trois facteurs. Les niveaux de variations des facteurs suivent la loi trigonométrique dans l'espace :

Exemples :
Niveau -1   = limite basse
Niveau -0,866   = cos (120°)
Niveau -0,5   = cos (150°)
Niveau 0   = cos (90°)
Niveau +0,5   = cos (60°)
Niveau +0,866 = cos (30°)
Niveau +1   = cos (0)

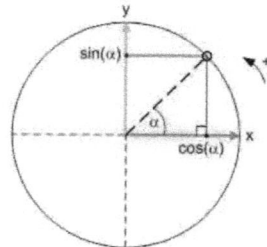

L'intérêt du plan est d'attribuer aux facteurs des niveaux de variation afin d'explorer dans une sphère les facteurs les plus influents. La matrice d'essai est la suivante :

essai	X1	X2	X3	Y1	Y2
1	0	0	0	12,23	12,67
2	1	0	0	13,9	14,2
3	-1	0	0	11,84	13,8
4	0,5	0,866	0	15,8	10,35
5	-0,5	0,866	0	13	6,49
6	0,5	-0,866	0	14,2	7,86
7	-0,5	-0,866	0	11,11	13,4
8	0,5	0,289	0,816	13,6	10,0
9	-0,5	-0,289	-0,816	9,57	11,66
10	0,5	-0,289	-0,816	13,09	12,1
11	0	0,577	-0,816	13,4	7,75
12	-0,5	0,289	0,816	14,56	13,9
13	0	-0,577	0,816	13,93	9,53

Le facteur X_1 varie sur 5 niveaux

Le facteur X_2 varie sur 7 niveaux

Le facteur X_3 varie sur 3 niveaux

La vue 3D des coordonnées quantitatives des essais réalisés est illustrée ci-dessous:

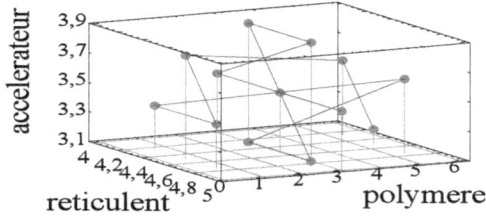

Plot of accelerateur vs reticulent and polymere

Les réseaux de DOEHLERT conduisent à une modélisation décrite par le polynôme :

La réponse Y
$$=A_0+A_1X_1+A_2X_2+A_3X_3+A_{12}X_1X_2+A_{13}X_1X_3+A_{23}X_2X_3+A_{11}X^2$$
$$+A_{22}X_2{}^2+A_{33}X_3{}^2$$
Pour affiner la modélisation, certains logiciels permettent l'ajout du terme $A_{123}X_1X_2X_3$ susceptible d'être un facteur d'ajustement du modèle.

Les réponses Y1 et Y2 sont les valeurs du facteur de perte pour la cuisson à 155°C et pour la cuisson à 195°C des produits.

L'analyse du plan :

Nous considérons que si l'on répétait la mesure de l'amortissement sur plusieurs barres avec des répétitions, la population des valeurs obtenues suit une loi normale de moyenne μ et d'écart type σ.

76

Si rien ne change dans une formule de produit, la moyenne et l'écart type caractérisent sa propriété. Si on fait intervenir des variations de facteurs, la courbe de distribution se déplace vers une moyenne μ' plus élevée ou plus basse avec son nouvel écart type σ'.✤✤✤

🐦 Complément Important :

L'analyse consiste à discerner les effets avec un niveau de confiance en général de 95%. Cela revient à s'autoriser une zone de recouvrement de 5% des courbes pour considérer le décalage des courbes comme significatif. Le facteur à l'origine du décalage est identifié comme significativement actif pour consolider le modèle mathématique recherché.

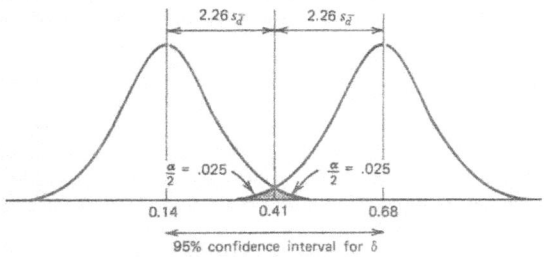

Courbe de Gauss déplacée sous l'effet d'un facteur : la moyenne μ devient μ' avec un nouvel écart type. A 95% de niveau confiance pour un intervalle de δ=0,54 la zone de recouvrement est de 2x0,025.
Source : Statistics for Experimenters, George EP Box, William G. Hunter, J. Stuart Hunter.

Dans tous plans d'expériences nous nous attendons à des effets négligeables et à des effets significatifs. Pour valider les effets "sortis du lot" et les déclarer significatifs nous utilisons la droite de Daniel [11] •••

(VOL. 1.No. 4 TECHNOMETRICS NOVEMBER,   1959
"Use of Half-Normal Plots in Interpreting Factorial Two-
Level Experiments",CUTHBERT DANIEL New York City)
[11]

•••dans l'exemple qui suit :

Les 16 essais sur l'étude d'une réaction ont donné la matrice de résultats suivante :

Essai	A Catalyseur	B Température	C Pression	D Concentration	% Rendement
1	15	220	80	10	61
2	10	220	50	12	61
3	10	220	50	10	71
4	10	240	50	10	90
5	15	220	50	10	61
6	15	240	80	12	78
7	10	240	80	12	85
8	10	220	80	10	68
9	10	240	50	12	89
10	10	220	80	12	59
11	15	220	80	12	51
12	15	240	80	10	80
13	15	240	50	12	83
14	15	240	50	10	82
15	15	220	50	12	50
16	10	240	80	10	87

Reprenons la matrice et calculons pour chaque ligne l'écart à la moyenne que nous visualisons à l'aide d'un diagramme. La trace grisée illustre une distribution normale du rendement qui se décale par les effets des facteurs. A présent vous visualisez le concept de l'analyse :

essai	Rendement	Ecart
1	61	-11,25
2	61	-11,25
3	71	-1,25
4	90	17,75
5	61	-11,25
6	78	5,75
7	85	12,75
8	68	-4,25
9	89	16,75
10	59	-13,25
11	51	-21,25
12	80	7,75
13	83	10,75
14	82	9,75
15	50	-22,25
16	87	14,75

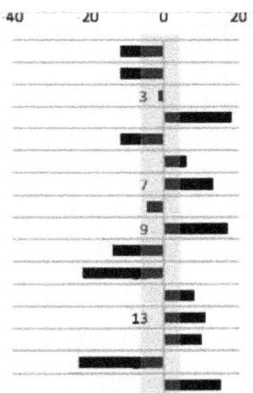

Distribution normale du rendement ➣

On vérifie la significativité des écarts à la normalité
Droite de Henry ➣

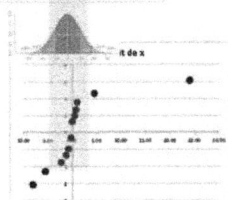

Les effets de chacun des facteurs conduisent aux valeurs suivantes :

Effets estimés pour le rendement	
Moyenne	$72,25 \pm 0,27$
A:catalyseur	$-8,0 \pm 0,54$
B:Température	$24,0 \pm 0,54$
C:pression	$-2,25 \pm 0,54$

D:concentration	-5,5 ± 0,54
AB	1,0 ± 0,54
AC	0,75 ± 0,54
AD	0,0 ± 0,54
BC	-1,25 ± 0,54
BD	4,5 ± 0,54
CD	-0,25 ± 0,54
ABC	-0,75 ± 0,54
ABD	0,50 ± 0,54
ACD	-0,25 ± 0,54
BCD	-0,75 ± 0,54
ABCD	-0,25 ± 0,54

Nous hiérarchisons les valeurs des effets et calculons $Pi= 100 \times (i-1/2)/m$ pour chaque valeur d'effet. La valeur de m prend ici le nombre 15.

N° d'ordre i	Effets	Pi=100(i-1/2)/m
1	-8	3,33
2	-5,5	10
3	-2,25	16,66
4	-1,25	23,33
5	-0,75	30
6	-0,75	36,66
7	-0,25	43,33
8	-0,25	50
9	-0,25	56,66
10	0	63,33
11	0,5	70
12	0,75	76,66
13	1	83,33
14	4,5	90

15	24	96,66

🐦 Le Pi=100(i-1/2)/m représente une droite pour la population de 1 à 15 :

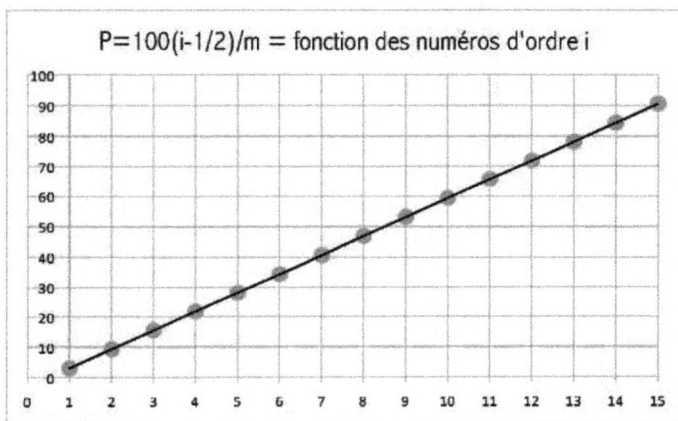

P=100(i-1/2)/m = fonction des numéros d'ordre i

Dans ce qui suit nous plaçons en abscisse les valeurs étudiées pour les corréler avec les Pi. Les points alignés appartiennent à une distribution normale, les points écartés sont significatifs.

Nous traçons les Pi en fonction des valeurs des effets calculés :
Quatre points s'écartent de la droite : deux effets d'ordre 1 et deux effets d'ordre 2. Le rendement de la réaction dépend du catalyseur (effet négatif), de la température (favorable) avec des interactions entre la température et la pression d'une part et entre la température et la concentration d'autre part. Tout le reste des effets entrent dans le bruit de fond (incertitude) de la valeur du rendement.

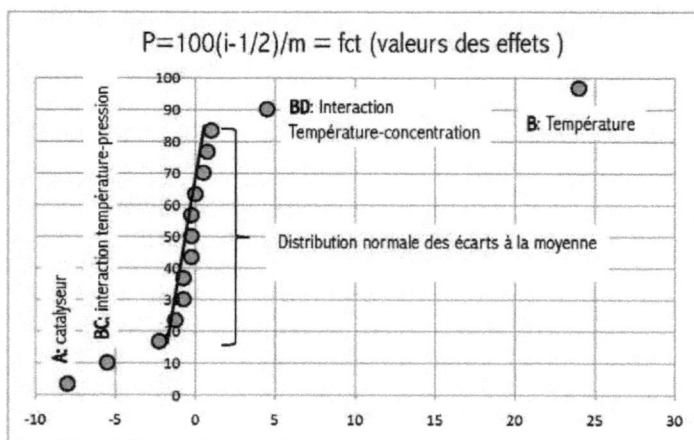

P=100(i-1/2)/m = fct (valeurs des effets)

Pour satisfaire les puristes nous construisons la droite de Henry [10] :

Effets estimés x	Effectif cumulé	Fréquence cumulée	Normit de x
-8,00	1	0,06	-2
24,00	15	0,94	2
-2,25	3	0,19	-1
-5,50	2	0,13	-1
1,00	13	0,81	1
0,75	12	0,75	1
0,00	10	0,63	0
-1,25	4	0,25	-1
4,50	14	0,88	1
-0,25	7	0,44	0
-0,75	5	0,31	0
0,50	11	0,69	0
-0,25	7	0,44	0
-0,75	5	0,31	0

-0,25	7	0,44	0

L'identification des facteurs influents est la même:

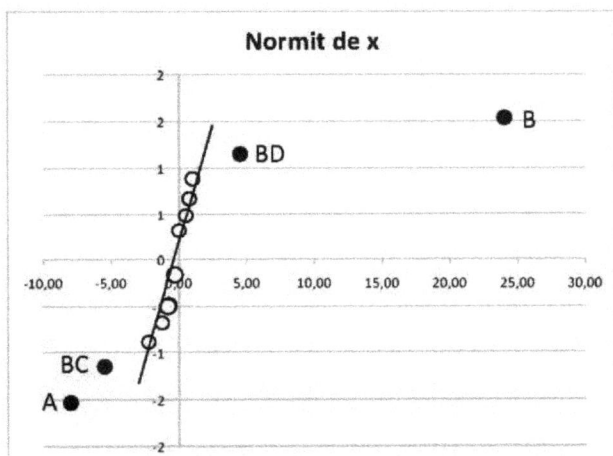

Fin du complément. ●

🎭 ❖❖❖ Venons à notre exemple de l'Oberst après cuisson à 155°C dont les valeurs Y1 sont décrites dans la matrice d'essai ci dessus. L'analyse de la variance V donne accès à la probabilité p pour que les valeurs impactées par les facteurs appartiennent à la distribution normale autour de la moyenne.

Quand le p-value est < 0,05 la probabilité que les 2 populations se confondent est faible.

Pour commenter la variance l'analyse les termes sont symbolisés par A, B, C, AB, AC, BC...

$V(X) = 1/n * \Sigma^n_{i=1}(x_i - m)^2$ où n est le nombre d'essais et m est la moyenne

L'analyse des résultats expérimentaux donne le tableau qui suit :

```
Analysis of Variance for Oberst mini
----------------------------------------------------------------------
Source              Sum of Squares    Df    Mean Square    F-Ratio    P-Value
----------------------------------------------------------------------
A:reticulent           9,87531        1       9,87531       14,39     0,0053
B:accelerateur         4,63142        1       4,63142        6,75     0,0317
C:polymere             6,97835        1       6,97835       10,17     0,0128
AC                     5,0176         1       5,0176         7,31     0,0269
Total error            5,49125        8       0,686406
----------------------------------------------------------------------
Total (corr.)         31,0757        12
----------------------------------------------------------------------
R-squared = 82,3295 percent
R-squared (adjusted for d.f.) = 73,4942 percent
Standard Error of Est. = 0,828496
```

Au niveau de confiance de 95%, les « p-values » de l'analyse sont inférieures à 0,05, par conséquent l'effet de $A(X_1)$, de $B(X_2)$, de $C(X_3)$ et de l'interaction AC sont significatifs. Notez que les interactions AB, BC, ABC n'apparaissent pas puisque nous les avons retirés, n'ayant aucune significativité. Même chose pour les termes AA, BB, CC.

Le R-squared de 82% indique que 82% des valeurs expérimentales décrivent le modèle trouvé.

Le tableau suivant compare les valeurs expérimentales avec celles du modèle calculé (fitted value). Les deux dernières colonnes sont les valeurs qui encadrent la zone de confiance.

```
Estimation Results for Oberst mini
------------------------------------------------------------------------
            Observed       Fitted    Lower 98,0% CL    Upper 98,0% CL
Row          Value         Value       for Mean          for Mean
------------------------------------------------------------------------
  1          12,23        13,0946      12,4291           13,7602
  2          13,9         14,6659      13,2938           16,038
  3          11,84        11,5234      10,1513           12,8955
  4          15,8         14,8121      13,44             16,1842
  5          13,0         13,2409      11,8688           14,613
  6          14,2         12,9484      11,5763           14,3205
  7          11,11        11,3771      10,005            12,7492
  8          13,6         14,0759      12,2532           15,8986
  9          9,57          9,87337      8,05065          11,6961
 10          13,09        13,6846      11,8619           15,5073
 11          13,4         12,7109      11,3388           14,083
 12          14,56        14,7446      12,9219           16,5673
 13          13,93        13,4784      12,1063           14,8505
------------------------------------------------------------------------
```

L'objectif étant la recherche des niveaux des facteurs X_1, X_2, X_3 pour lesquels la valeur Y1 est maximale, le calcul de l'optimum donne le résultat 16,75 :

```
Optimize Response
------------------
Goal: maximize Oberst mini

Optimum value = 16,7543

Factor              Low             High            Optimum
---------------------------------------------------------------------
reticulent          4,0             5,0             5,0
accelerateur        3,1             3,9             3,89967
polymere            0,6             5,4             0,6
```

🐜La même démarche est réalisée pour les barres cuites à 195°C (réponse Y2). Cette fois-ci la valeur de l'Oberst dépend des facteurs B, AB, AC, BB, CC avec un modèle décrit par 91% des essais. Cela s'explique par le fait qu'à température plus élevée la totalité du soufre a réagi sur les polymères 1 et 2 et que son influence soit "étouffée".

```
Analyze Experiment - Oberst maxi

Analysis of Variance for Oberst maxi
-----------------------------------------------------------------------
Source            Sum of Squares    Df    Mean Square    F-Ratio    P-Value
-----------------------------------------------------------------------
B:accelerateur        6,08714        1        6,08714      5,99      0,0443
AB                   22,09           1       22,09        21,74      0,0023
AC                   10,5308         1       10,5308      10,36      0,0147
BB                   40,3955         1       40,3955      39,75      0,0004
CC                   10,3656         1       10,3656      10,20      0,0152
Total error           7,11368        7        1,01624
-----------------------------------------------------------------------
Total (corr.)        80,9913        12

R-squared = 91,2167 percent
R-squared (adjusted for d.f.) = 84,943 percent
Standard Error of Est. = 1,00809
```

Le calcul de l'optimum de valeur 17 conduit à une configuration différente de celle trouvée pour la température de 155°C.

```
Optimize Response
-----------------
Goal: maximize Oberst maxi

Optimum value = 17,0958

Factor              Low             High            Optimum
-----------------------------------------------------------------
reticulent          4,0             5,0             4,0
accelerateur        3,1             3,9             3,24046
polymere            0,6             5,4             5,05887
```

L'expérimentateur doit trouver la composition du compromis qui maximise Y1 et Y2. C'est l'objet de la multi analyse par un algorithme qui tient en compte les deux modèles, on étudie alors la loi de désirabilité. La maximisation de la désirabilité de 1 a été obtenue pour la composition qui suit :

```
Optimize Desirability
---------------------

Optimum value = 1,0

Factor              Low             High            Optimum
-----------------------------------------------------------------
reticulent          4,0             5,0             4,93
accelerateur        3,1             3,9             3,6996
polymere            0,6             5,4             1,99911

Response            Optimum
-----------------------------------------
Oberst mini         15,2628
Oberst maxi         15,0315
-----------------------------------------
```

La composition optimale (point 2) est placée sur la représentation 3D du plan :

Plot of accelerateur vs reticulent and polymere

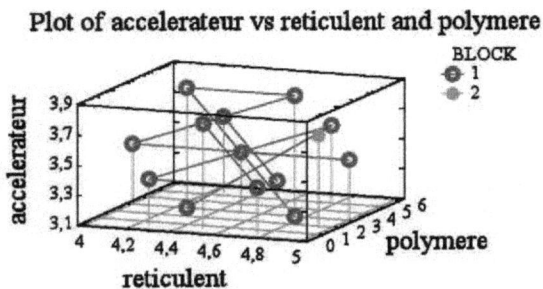

Le point 2 —•- (graphe 3D) a été vérifié par une mesure de l'amortissement à 200Hz en fonction de la température :

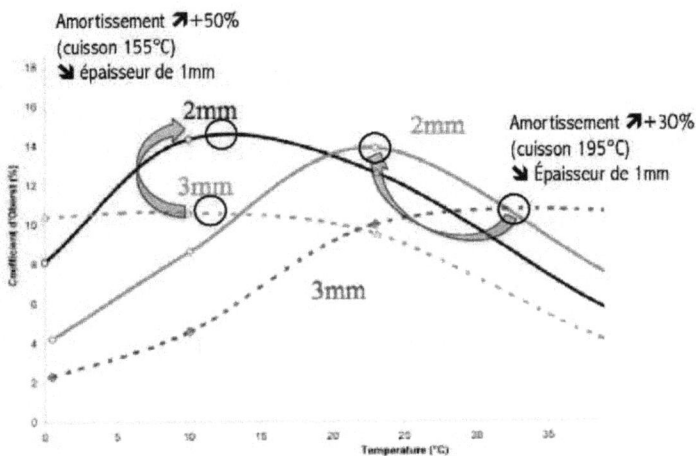

Figure 3.17 -Tracé du facteur de perte avec la température. On note la baisse de Tg en cuisson maxi.

Remarque : la performance de l'optimum se situe au voisinage de la valeur 14 pour une épaisseur de 2mm de matériau. Cette valeur est nettement au dessus des valeurs initiales mesurées pour une épaisseur de 3mm. Le bénéfice de cette étude est double car non seulement le matériau est plus performant, mais il permet l'application d'une masse plus faible de produit donc un gain de poids de 33%. Pour aller plus loin encore, plus l'épaisseur de matériau est faible sur une tôle, moins le phénomène de pompage de celle-ci se produit (déformation visible par les experts qualité).

Figure 3.18 -Le marquage visible de la tôle par le rétreint du matériau est une non conformité.

Réfléchissez aux paramètres envisageables dans l'"espace" pour bâtir la matrice d'essais qui vous donne accès à la meilleure approche du modèle. Echangez le plus possible face à face, le mail c'est zéro. Le formulateur abandonne alors son alchimie quand il associe un modèle polynomial à un comportement plausible d'interactions. Il devient maître d'œuvre de la chimie.

3.54-Nouveau mécanisme réactionnel d'un butyle profilé

Le contexte :

La photo ci-dessous montre des cordons de butyle qui ont été extrudés et déposés sur du papier siliconé. Ces cordons dits tackants sont décollés manuellement du support pour être posés dans les zones de corps creux des véhicules en cours de montage.

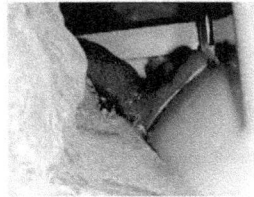

Figure 3.19 -Cordons en sortie d'extrudeuse et
Aspect expansé du butyle dans un corps creux

Pendant la cuisson de la cataphorèse dans des étuves, les cordons subissent une montée en température progressive. L'énergie apportée provoque la réaction des agents de réticulation sur les doubles liaisons du butyle et sur celles du polybutadiène liquide. Dans le même temps l'azodicarbonamide contenu dans le produit se décompose en dégageant des gaz. Pour former une mousse souple ces gaz doivent se disperser à l'intérieur d'alvéoles dont la paroi est le polymère en cours de réticulation. Une mousse dure peut être étanche, mais n'insonorise pas. Une mousse insuffisamment réticulée retombe comme un soufflé, donc ne remplit pas les cavités. Pour remplir une cavité avec un cordon de 3-4mm d'épaisseur, la matière doit augmenter en volume à hauteur de 600%-800% selon les cas.

Après quelques essais expérimentaux, le taux d'agent gonflant a été figé pour focaliser sur la construction du réseau polymérique. Les constituants ont été sélectionnés :

1. Un bromo butyle (taux fixe) associé à un autre grade,
2. L'oxyde de zinc pour réticuler le butyle et de l'oxyde de magnésium pour régénérer l'oxyde de zinc (taux fixe)
3. Un faible taux de soufre réagissant sur les butyles et le polybutadiène liquide

4. La benzoquinone dioxime (KCDO) comme réticulent à plus basse température
5. Un polybutadiène liquide dont la distribution moléculaire est étroite (MW5000, Lithen N4 5000).

Nous avons orienté notre réflexion vers une construction subtile d'un réseau capable d'enfermer les gaz de décomposition qui donne des alvéoles souples, étanches, de petite taille et stables dimensionnellement. Le lecteur chimiste devinera l'importance des cinétiques des réactions à maîtriser. C'est la raison pour laquelle nous avons choisi le MBT comme accélérateur plutôt que le MBTS plus rapide et donneur de soufre.

Pour résumer nous appuyons notre action sur les concepts et facteurs suivants :

A. Ajuster la cinétique par l'emploi de l'accélérateur MBT,
B. Donner de la souplesse avec le polybutadiène liquide à distribution étroite,
C. Construire le réseau maître par le soufre,
D. Nuancer la souplesse du réseau réticulé par la benzoquinone dioxime.

Les facteurs du plan d'expériences étant définis, comment les faire varier pour sa meilleure exploitation ?

Il est facile d'imaginer que les composés A,B,C,D acteurs du mécanisme réactionnel interfèrent entre eux et que les termes du polynôme recherché soit du second degré, augmenté des interactions AB, AC, AD, BC, BD et des interactions ABC, ABD, BCD, ACD et ABCD.

Le plan cubique centré composite répondant à ce besoin a donc été construit. Les domaines de variation des constituants sont décrits dans le tableau qui suit. La réponse Y est le taux de gonflement TG après une cuisson à 171°C.

Nous avons choisi d'explorer les points extérieurs aux 6 faces du cube BCD pour une variation de A sur le même modèle.

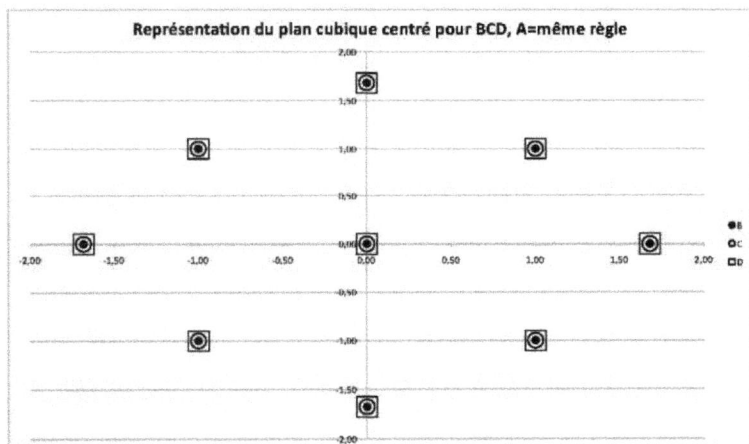

Représentation du plan cubique centré pour BCD, A=même règle

Response Surface Design Attributes
Design Summary
Design class: Response Surface
Design name: Draper-Lin small composite design
Design characteristic: Rotatable

Base Design
Number of experimental factors: 4 Number of blocks: 1
Number of responses: 1
Number of runs: 18   Error degrees of freedom: 3
Randomized: No

Factors	Low	High	Units	Continuous
MBT	2.6	3.6	%	Yes
Lithen N4	1	2.0	%	Yes
Sulfur	1	1.45	%	Yes
KCDO	0.6	1.2	%	Yes

Responses	Units
TG171	%

La matrice des 36 essais reprend les 18 combinaisons des 4 facteurs dont les mesures du taux de gonflement TG171 ont été doublées.

Run	MBT (%)	lithen N4 (%)	sulfur (%)	KCDO (%)	TG171 (%)
1	3,1	1,5	1,225	0,9	407,0
2	3,6	2,0	1,45	0,6	315,0
3	3,6	2,0	1,0	0,6	275,0
4	3,6	1,0	1,45	1,2	718,0
5	2,6	2,0	1,0	1,2	674,0
6	3,6	1,0	1,0	1,2	700,0
7	2,6	1,0	1,45	0,6	291,0
8	2,6	2,0	1,45	1,2	639,0
9	2,6	1,0	1,0	0,6	298,0
10	2,25	1,5	1,22	0,9	389,0
11	3,94	1,5	1,225	0,9	342,0
12	3,1	0,65	1,225	0,9	347,0
13	3,1	2,34	1,225	0,9	355,0
14	3,1	1,5	0,846	0,9	405,0
15	3,1	1,5	1,603	0,9	347,0

16	3,1	1,5	1,225	0,39	297,0
17	3,1	1,5	1,225	1,40	729,0
18	3,1	1,5	1,225	0,9	347,0
19	3,1	1,5	1,225	0,9	416,0
20	3,6	2,0	1,45	0,6	322,0
21	3,6	2,0	1,0	0,6	268,0
22	3,6	1,0	1,45	1,2	779,0
23	2,6	2,0	1,0	1,2	689,0
24	3,6	1,0	1,0	1,2	670,0
25	2,6	1,0	1,45	0,6	291,0
26	2,6	2,0	1,45	1,2	666,0
27	2,6	1,0	1,0	0,6	287,0
28	2,25	1,5	1,225	0,9	376,0
29	3,94	1,5	1,225	0,9	360,0
30	3,1	0,65	1,225	0,9	365,0
31	3,1	2,34	1,225	0,9	330,0
32	3,1	1,5	0,846	0,9	385,0
33	3,1	1,5	1,6034	0,9	353,0
34	3,1	1,5	1,225	0,39	314,0
35	3,1	1,5	1,225	1,40	683,0
36	3,1	1,5	1,225	0,9	364,0

L'analyse du plan consiste à calculer la valeur moyenne de mesures, la moyenne des écarts à la moyenne dus à l'effet de chacun des facteurs avec leur écart type. Les facteurs non significatifs sont éliminés du modèle lors de l'analyse de la variance (p-value>0,05). On note que le facteur A est maintenu volontairement sans affecter la relation essais - mesures estimées.

Résultats bruts de l'analyse :
Analysis Summary
Estimated effects for TG171

Average	= 438,69 +/- 6,56872	
A:MBT	= -18,7299 +/- 13,53	
B:lithen N4	= -16,9444 +/- 8,70785	
D:KCDO	= 238,138 +/- 13,53	< impact élevé
AB	= -160,362 +/- 17,6778	< interaction forte
BB	= -17,6775 +/- 9,28954	
BD	= -45,2299 +/- 17,6778	
DD	= 92,9838 +/- 9,28953	< impact élevé
ABD	= -161,444 +/- 16,5437	< interaction forte
BCD	= -35,25 +/- 11,3774	

Standard errors are based on total error with 26 d.f.

Analysis of Variance for TG171

Source	Sum of Squares	Df	Mean Square	F-Ratio	P-Value
A:MBT	992,25	1	992,25	1,92	0,1780
B:lithenN4	1960,53	1	1960,53	3,79	0,0626
D:KCDO	160399,0	1	160399,0	309,78	0,0000
AB	42608,0	1	42608,0	82,29	0,0000
BB	1874,99	1	1874,99	3,62	0,0682
BD	3389,52	1	3389,52	6,55	0,0167
DD	51876,4	1	51876,4	100,19	0,0000
ABD	49308,3	1	49308,3	95,23	0,0000
BCD	4970,25	1	4970,25	9,60	0,0046
Total error	13462,2	26	517,777		
Total (corr.)	966164,0	35			

R-squared = 98,6066 percent
R-squared (adjusted for d.f.) = 98,1243 percent
Standard Error of Est. = 22,7547
Mean absolute error = 15,7377

98% des points décrivent le modèle avec une erreur de 22,7 points.

Regression coeffs. For TG171

Constant	= 4112,4
A:MBT	= -990,636
B:lithen N4	= -2359,55
C:sulfur	= -705,0
D:KCDO	= -6271,13
AB	= 647,937
AD	= 1614,44
BB	= -35,3551
BC	= 470,0
BD	= 3825,46
CD	= 783,333
DD	= 516,577
ABD	= -1076,29
BCD	= -522,222

Le modèle trouvé est le polynôme suivant :

$$TG171 = 4112,4 - 990,636*A - 2359,55*B - 705,0*C - 6271,13*D + 647,937*A*B + 1614,44*A*D - 35,3551*B^2 + 470,0*B*C + 3825,46*B*D + 783,333*C*D + 516,577*D^2 - 1076,29*A*B*D - 522,222*B*C*D$$

L'exploitation du modèle mathématique est réalisable sur tableur Excel. Pour ce faire il faut créer les colonnes des quatre constituants A, B, C, D dont les lignes s'incrémentent avec un pas choisi. Chaque niveau de A est combiné à chaque niveau de B, même chose pour C et D. La matrice étant créée (elle peut atteindre 1000 lignes et plus) Il faut ensuite écrire la formule dans la dernière colonne Y et l'appliquer à toutes les lignes. De cette manière l'expérimentateur connaît les configurations pour lesquelles il recherche un domaine acceptable de Y par l'usage de filtres. Attention, le modèle est donné avec une erreur standard.

Pour filtrer des valeurs calculées sur Excel, tenir compte de 2x l'erreur standard à retirer de la valeur du filtre pour sélectionner des Y inférieurs à une cible et à rajouter dans le cas d'une sélection des Y supérieurs à une cible.

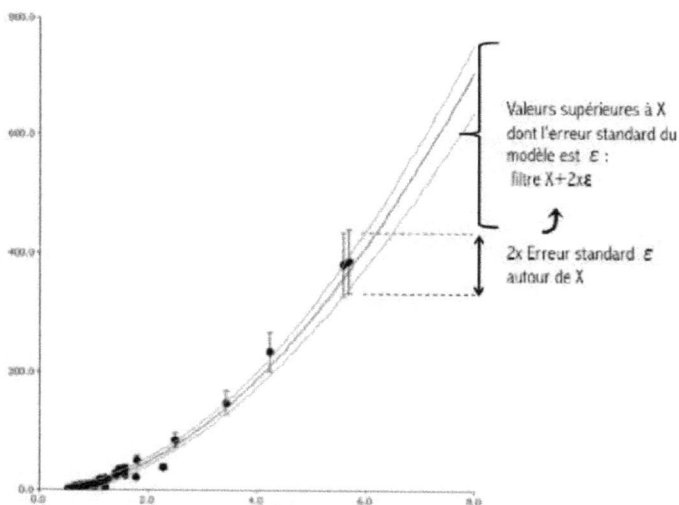

Valeurs supérieures à X dont l'erreur standard du modèle est ε : filtre $X + 2x\varepsilon$

2x Erreur standard ε autour de X

Figure 3.20 —Schéma de sélection de valeurs données par un modèle

96

Estimation Results for TG171

Row	Observed Value	Fitted Value	Lower 95,0% CL for Mean	Upper 95,0% CL for Mean
1	407,0	374,25	360,748	387,752
2	315,0	315,778	290,737	340,818
3	275,0	280,528	255,487	305,568
4	718,0	731,222	706,182	756,263
5	674,0	687,778	662,737	712,818
6	700,0	695,972	670,932	721,013
7	291,0	270,972	245,932	296,013
8	639,0	652,528	627,487	677,568
9	298,0	306,222	281,182	331,263
10	389,0	390,0	362,996	417,004
11	342,0	358,5	331,496	385,504
12	347,0	363,499	335,687	391,31
13	355,0	335,001	307,19	362,813
14	405,0	374,25	360,748	387,752
15	347,0	374,25	360,748	387,752
16	297,0	305,5	272,426	338,574
17	729,0	706,0	672,926	739,074
18	347,0	374,25	360,748	387,752
19	416,0	374,25	360,748	387,752
20	322,0	315,778	290,737	340,818
21	268,0	280,528	255,487	305,568
22	779,0	731,222	706,182	756,263
23	689,0	687,778	662,737	712,818
24	670,0	695,972	670,932	721,013
25	291,0	270,972	245,932	296,013
26	666,0	652,528	627,487	677,568
27	287,0	306,222	281,182	331,263
28	376,0	390,0	362,996	417,004
29	360,0	358,5	331,496	385,504

30	365,0	363,499	335,687	391,31
31	330,0	335,001	307,19	362,813
32	385,0	374,25	360,748	387,752
33	353,0	374,25	360,748	387,752
34	314,0	305,5	272,426	338,574
35	683,0	706,0	672,926	739,074
36	364,0	374,25	360,748	387,752

Nous avons représenté ci-dessous graphiquement la table des prédictions en fonction des résultats de gonflement. A l'évidence il se produit un bond des valeurs de gonflement du bloc de 290% à 400% vers le bloc de 640% à 800%.

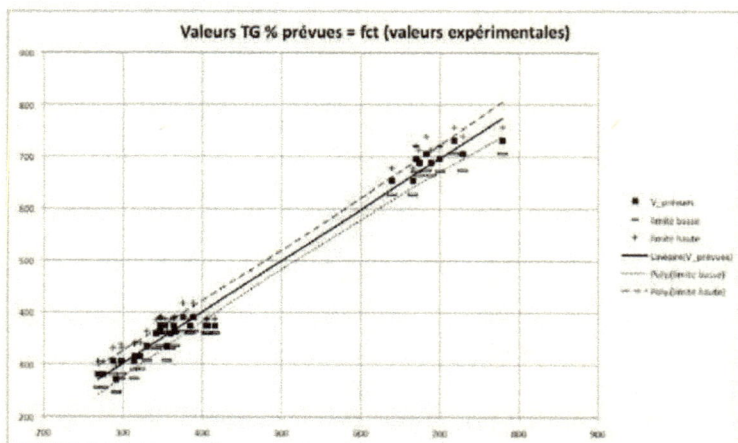

Figure 3.21 –Corrélation entre valeurs de gonflement expérimentales avec celles prévues par le modèle.

98

Pour comprendre ce constat nous revenons à la matrice d'essais. Les essais ayant été doublés nous avons moyenné les valeurs et les avons classées par ordre croissant du taux de gonflement.

N°ordre	A	B	C	D	A_normé	B_normé	C_normé	D_normé	GONF
3	3,6	2	1	0,6	1	1	-1	-1	271,5
7	2,6	1	1,45	0,6	-1	-1	1	-1	291
9	2,6	1	1	0,6	-1	-1	-1	-1	292,5
16	3,1	1,5	1,22	0,39	0	0	0	-1,68	305,5
2	3,6	2	1,45	0,6	1	1	1	-1	318,5
13	3,1	2,34	1,22	0,9	0	1,68	0	0	342,5
15	3,1	1,5	1,60	0,9	0	0	1,68	0	350
11	3,94	1,5	1,22	0,9	1,68	0	0	0	351
18	3,1	1,5	1,22	0,9	0	0	0	0	355,5
12	3,1	0,66	1,22	0,9	0	-1,68	0	0	356
10	2,26	1,5	1,22	0,9	-1,68	0	0	0	382,5
14	3,1	1,5	0,84	0,9	0	0	-1,68	0	395
1	3,1	1,5	1,22	0,9	0	0	0	0	411,5
8	2,6	2	1,45	1,2	-1	1	1	1	652,5
5	2,6	2	1	1,2	-1	1	-1	1	681,5
6	3,6	1	1	1,2	1	-1	-1	1	685
17	3,1	1,5	1,225	1,40	0	0	0	1,68	706
4	3,6	1	1,45	1,2	1	-1	1	1	748,5

🐏 Pour raisonner, la matrice est complétée avec les coordonnées normées des facteurs, c'est à dire que nous transposons les domaines de variations sur une échelle de -1 à +1, le niveau 0 est le centre des domaines. Les valeurs qui sortent des limites viennent du type de plan composite choisi.

Nous repérons les 5 configurations pour lesquelles les valeurs de gonflement sont supérieures à 650%. Elles correspondent aux niveaux les plus élevés de D (la benzoquinone dioxime) combinés avec les niveaux de signes opposés de A et B (interaction forte). En termes chimiques la réaction de la benzoquinonedioxime (à plus basse température que celle de l'intégration du soufre) permet l'initialisation du réseau avant la décomposition de l'azodicarbonamide. Au dessous du niveau +1 du facteur D (KCDO) les gonflements chutent par manque de réticulation.

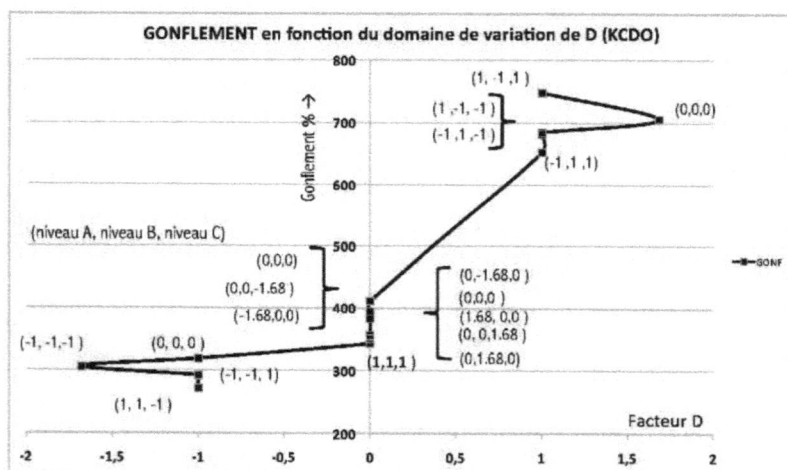

Figure 3.22 -Visualisation des résultats du plan : les gonflements sont élevés au niveaux +1 et +1,68 du facteur D , A et B sont de signes opposés pour la maximisation de la propriété. En dessous du niveau +1 de D, la règle des opposés (A,B) est moins franche : l'accélérateur interfère moins avec le polybutadiène liquide.

Note : pour calculer un changement de valeurs réelles VR en coordonnées normées on procède comme suit :

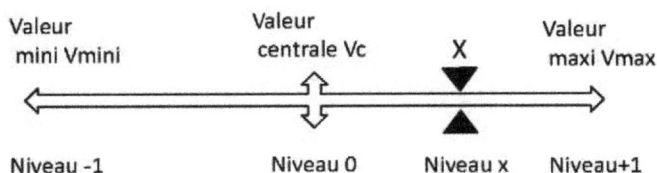

Valeur mini Vmini · Valeur centrale Vc · X · Valeur maxi Vmax

Niveau -1 · Niveau 0 · Niveau x · Niveau+1

La valeur X prend la valeur $X_{normé} = (X-Vc) / (V_M - Vc)$

Compte tenu de la sensibilité du gonflement avec le taux de D, nous avons estimé les résultats pour A, B, C constants avec un pas de variation pour D de 0,1% : le saut du taux de gonflement est essentiellement dû à la benzoquinone dioxime.

Estimation du taux de gonflement avec le facteur D (KCDO) avec un pas de 0,1 :

MBT (%)	lithen N4 (%)	sulfur (%)	KCDO (%)	TG171 (%)
3,1	1,5	1,225	0,9	374,25
3,0898	1,48653	1,22502	1,0	419,663
3,08541	1,47061	1,22519	1,1	475,69
3,08686	1,45236	1,22561	1,2	542,54
3,09453	1,43108	1,22638	1,3	620,656
3,10913	1,40562	1,22759	1,4	710,874

Le calcul de l'optimum à titre indicatif donne une valeur de 1389% qui est excessive et non demandée:

Optimize Response
Goal: maximize TG171
Optimum value = 1389,02

101

Factor	Low	High	Optimum
MBT	2,2591	3,9409	3,9409
Lithen N4	0,659104	2,3409	0,65949
Sulfur	0,846597	1,6034	1,39125
KCDO	0,395462	1,40454	1,40361

Nota : dans le cas d'un objectif précis, vérifiez le point calculé, quitte à tester la réponse autour de l'optimum.

🐾 Un excès du taux de gonflement n'étant pas souhaité, nous avons opté pour une combinaison donnant une valeur de 700% tout en minimisant le taux du facteur B qui en excès pénalisait l'adhérence de la mousse sur le métal.

Figure 3.23 -Le test de remplissage entre tôles permet d'évaluer l'adhérence à la séparation des supports

Figure 3.24 -Aspect alvéolaire recherché

Cette stratégie nous enseigne que la conjugaison des mécanismes réactionnels (par le soufre, l'oxyde de zinc, l'accélérateur, la benzoquinone dioxime) peut être organisée pour générer une mousse à partir d'une composition de butyles. Si la benzoquinone dioxime joue un rôle prépondérant sur les valeurs de gonflement, il n'empêche que c'est le polybutadiène à distribution étroite qui gère la structure fine de la mousse. Mais cela n'est pas quantifiable, l'œil du formulateur veille sur cet aspect pour exercer son sens critique des résultats. L'intérêt de construire des configurations pour lesquelles certains niveaux maxi sont surdimensionnés, réside dans l'observation de phénomènes non attendus. Dans le cas de ce plan un excès de polybutadiène liquide privilégiait une expansion directionnelle qu'il fallait éviter. Le phénomène s'acconpagnait du décollement de la mousse de son support. Mais les taux d'expansion étaient conformes.

L'autre vision de ce type d'étude est la projection de l'essai laboratoire vers la fabrication industrielle. Si le technicien est précis dans les pesées des constituants, à l'échelle industrielle ces quantités sont converties en sacs et en kilogrammes. La notion de précision des balances vient souvent sur la table des responsables d'ateliers, puisque la variation faible de certaines substances peut engendrer une non conformité du produit final. Quand les modèles des lois de comportements sont suffisamment robustes il est possible de définir les tolérances admissibles sur les pesées, et donc de recommander une précision sur les balances. Conclusion : soignez vos modélisations avec la bonne stratégie.

> Un plan factoriel 2^n est utile pour connaître les schémas des effets, c'est un détecteur (le polynôme est simple, c'est une droite).
> Si on rajoute des points extérieurs aux faces du cube d'investigation (pour 3 facteurs) on augmente le degré du polynôme jusqu'à 3. Le nombre d'essais supplémentaires (6 pour un plan cubique centré) est gratifiant. Préférez vous limiter à 4 facteurs maximum, l'analyse est plus délicate.

3.55-Identification de facteurs actifs sur le fogging par ACP (Analyse de Composantes Principales)

L'ouvrage "Composantes Principales", Edition 1992, G.Philippeau donne une clairification détaillée de cette méthodologie, il décrit des ACP en agriculture (ITCF : INSTITUT TECHNIQUE DES CEREALES ET DES FOURRAGES) [12],[13]:

Pour faire simple, le formulateur qui veut exploiter des résultats d'expérimentations, veut connaître les tendances des effets et identifier les facteurs influents. Ces tendances sont observables si on construit un point central vers lequel convergent les effets moyens des réponses et les centres de variation des facteurs. A partir de ce centre, un facteur actif qui s'en éloigne en terme de quantité négative ou positive rejoint la direction de l'effet qu'il produit. Nous avons donc à l'esprit un centre et des axes multidirectionnels. L'ACP projette sur 3 axes les facteurs et les effets à des distances du centre selon leurs impacts.

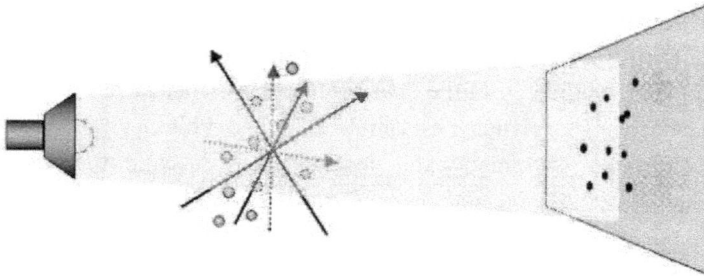

Figure 3.25- L'ACP est une projection de points dans l'espace expérimental sur « l'écran » en 2 dimensions (axes factoriels).

Contexte.

Un produit d'amortissant vibratoire déposé en intérieur de caisse pose la réflexion des possibles émanations de substances qui, en se condensant sur les surfaces vitrées créent un film opacifiant. C'est le fogging. Les constructeurs à l'esprit inventif placent le matériau sous forme d'un disque dans un tube calibré plongé dans un bain d'huile à 80°C pendant une durée de quelques heures. Les vapeurs extraites migrent vers le haut du tube et se déposent sur une plaque de verre. On mesure optiquement la réflectance qui décroît avec l'opacité du verre embué. Plus elle est élevée moins il y a d'embuage.

Dans le tableau qui suit nous avons décrit 8 compositions exploratoires ayant fait l'objet de test de fogging :

X = nombre de niveaux

Echant.	CL1	CL2	CL6	CL7	CL9	CL10	CL11	CL12	CL13	X
Polymère 1	26,0	22,0	22,0		26,0	22,0	26,0	26,0	26,0	3
	0	0	0	8,00	0	0	0	0	0	
Polymère 2										2
	0	0	0	8,00	0	0	0	0	0	
Diluant H	0	4,00	0	0	0	4,00	0	0	0	2
Diluant ED										2
	0	0	4,00	0	0	0	0	0	0	
Accél. 1	0,60	0,60	0,60	0,60	0,60	1,00	1,00	1,00	1,00	2
Accél. 2	0,50	0,50	0,50	0	0	0	0	0	0	2
Accél. 3	0	0	0	3,00	0	0	0,24	0	0	3
Activateur										3
	2,40	2,40	2,40	3,00	2,40	2,40	0	2,40	2,40	
	17,5	17,5	17,5							2
Charge	0	0	0	10	10	10	10	10	10	
Hotmelt	0	0	0	0	0	0	0	1,00	2,00	3
Diluant C	0	0	0	2,00	0	0	0	0	0	2

Réflect. 1h	-	94,94	97,70	71,96	42,79	94,98	57,05	95,08	97,50
Réflect. 18h	-	95,84	98,18	75,53	50,00	96,74	66,35	95,67	98,51
RTC	1,43	1,09	1,39	2,38	1,60	1,20	1,71	1,46	1,52

L'étape 1 de ACP consiste à projeter la représentativité des observations sur 3 axes factoriels, c'est le diagramme des inerties. Evidemment ce sont les axes 1 et 2 qui sont les plus "visibles".

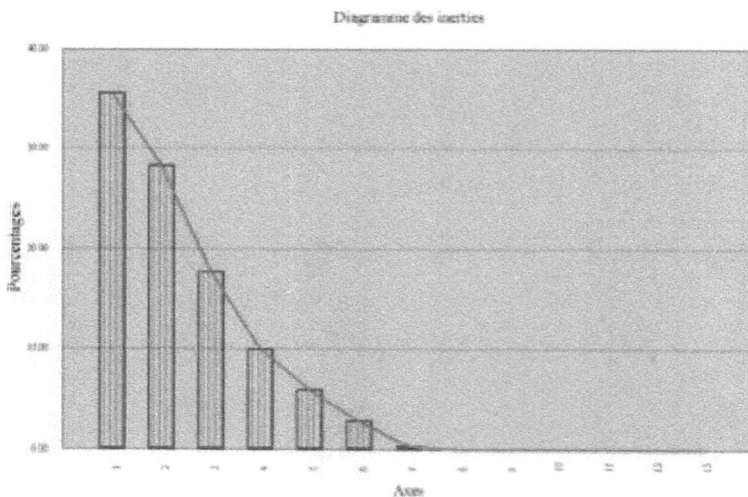

Diagramme des inerties

Nous nous intéressons maintenant aux composantes « vues » par l'ACP sur les 3 axes.

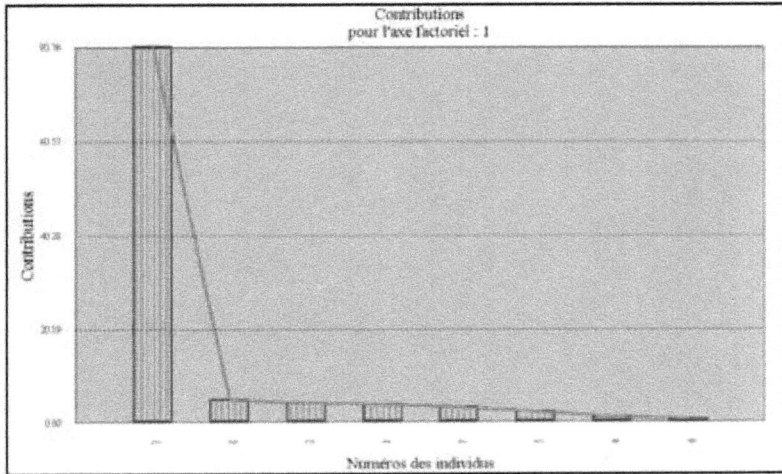

Figure 3.26- L'individu numéro 3 (éhantillon CL7) est le plus représenté par l'axe 1 par 80% de contribution.

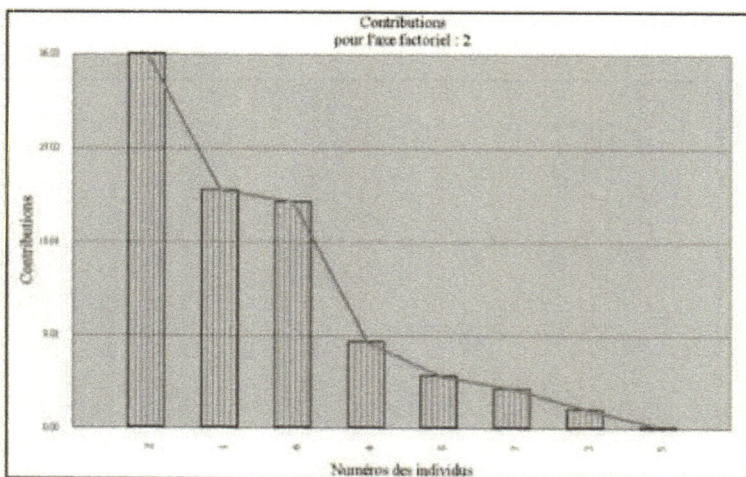

Figure 3.27-Sur l'axe 2 l'individu 2 (échantillon CL6) est le plus représenté par 36% de contribution. Viennent ensuite les individus 1(CL2) et 6(CL10).

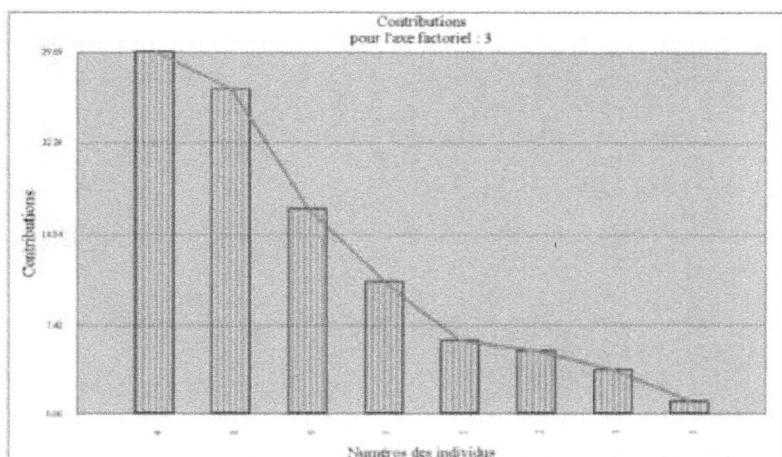

Figure 3.28-Sur l'axe 3, les individus 4 (CL9), 8 (CL13) sont les mieux représentés avec des contributions respectives de 29% et de 22%.

Maintenant que nous connaissons les poids des composantes sur les axes, nous représentons ci dessous la « vue » sur les axes 1 et 2 : le centre est appelé origine à partir de laquelle se positionnent les échantillons selon les directions des constituants. Dans cette « constellation » rappelons que les composantes les plus visibles sont CL7 (contribution de 82%), CL6 (contribution de 36%), CL2 (contribution de 22%) CL10 (contribution de 20%). L'échantillon CL7 est à l'opposé de la réflectance alors que CL2, CL10 et CL6 sont à droite de l'origine et donc du côté de la réflectance (moins d'embuage).

109

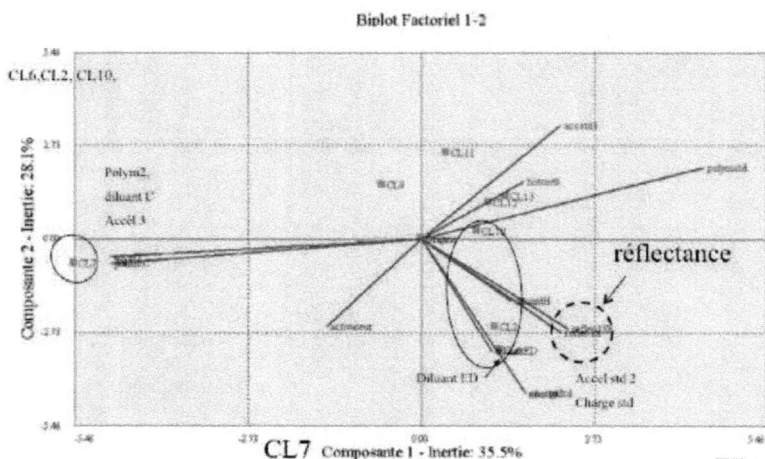

Biplot Factoriel 1-2

Figure 3.29-Observation des points visibles (points encerclés) au regard des axes 1 et 2.

Sur le plan défini par les axes 1 et 3, les échantillons CL6 (contribution de 36%), CL9 (contribution de 29%), CL13 (contribution de 22%) et CL10 (contribution de 20%) sont observables (C'est l'astronomie du statisticien). CL9 et CL11 tendent à opposer leur composition à la direction de la réflectance. Le diluant ED et l'accélérateur 2 contrarient la réflectance, en d'autres termes ils abaissent le fogging.

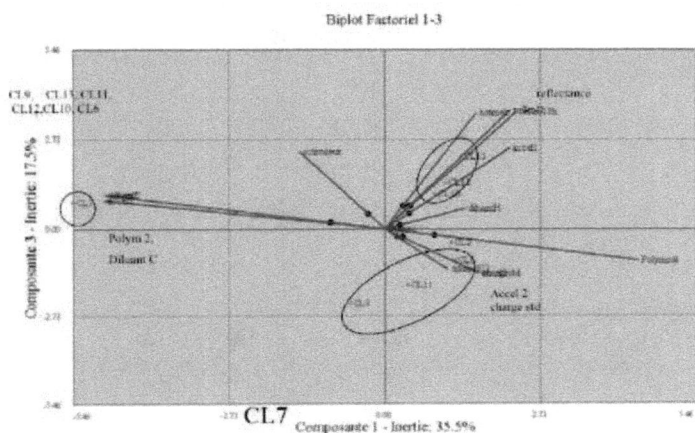

Biplot Factoriel 1-3

Ce que l'on a conclu :

Les compositions les plus éloignées de CL7 vont dans le bon sens. IL faut éviter le diluant C et privilégier le diluant ED. Cette analyse peut alors être le point de départ d'un plan d'expériences pour une optimisation.

Notez que rien ne permet d'affirmer que les forces en traction cisaillement sont prédictives du fogging. La cohésion du matériau reticulé quantifiée par la contrainte à la rupture n'est pas révélatrice d'un réseau piège des composés volatils.

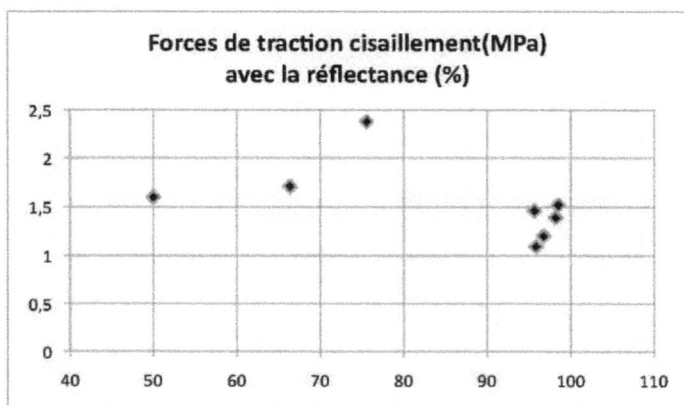

Forces de traction cisaillement(MPa)
avec la réflectance (%)

3.56-Un plan pour fixer des paramètres d'applicabilité

Le plan d'expériences qui suit décrit le protocole d'essais pour étudier l'influence de paramètres d'application d'un produit destiné à être projeté à chaud sur des pièces de véhicules.

Nous avions à notre disposition un groupe de pompage chauffant (voir figure 3.1) avec une possibilité de « recirculating » c'est à dire un circuit secondaire mettant en mouvement la pâte pseudoplastique pour qu'elle débouche dans l'insert de la buse avec une viscosité plus basse. Un robot applicateur était équipé d'une buse de 1,09 mm avec un angle de 80°.

Figure .30-Insert type d'une buse dont l'ouverture et l'angle génèrent la dépose de produit.

112

Il apparaissait évident de connaître les effets de chaque facteur comme la recirculation, la température et l'intervalle de temps d'arrêt sur la largeur des bandes projetées. En ce qui concerne le dernier paramètre, il s'agit de considérer qu'entre deux projections le produit en écoulement nul reprend de la viscosité et que lors de la nouvelle ouverture du pistolet, la pâte en mouvement, est susceptible de moins se disperser dans l'insert. L'effet impacte alors la largeur de la bande nuisant à la propriété finale recherchée.

Définition du plan factoriel :

Design name: Mixed level factorial   3*2^2

Base Design

Number of experimental factors: 3 Number of blocks: 2

Number of responses: 1

Number of runs: 12   Error degrees of freedom: 53

Randomized: Yes

Les domaines de variation des facteurs

Factors	Low	High	Units	Continuous
Recirculation	0.0	6.4	kg/min	Yes
Intervalle	1.0	30.0	minutes	Yes
Température	75.0	80.0	degres	Yes

Réponse	Units
Largeur	mm

Relevé des valeures expérimentales :

Block	Kg/min	interv.	°C	largeur mm
1	6,4	30,0	75	155
1	6,4	30,0	75	160

1	6,4	30,0	75	155
1	6,4	30,0	75	155
1	6,4	1,0	75	145
1	6,4	1,0	75	145
1	6,4	1,0	75	145
1	6,4	1,0	75	145
1	6,4	30,0	80	165
1	6,4	30,0	80	168
1	3,2	1,0	75	120
1	3,2	1,0	75	120
1	3,2	1,0	75	120
1	3,2	1,0	75	120
1	6,4	1,0	80	166
1	6,4	1,0	80	168
1	6,4	1,0	80	162
1	0,0	30,0	75	-
1	0,0	30,0	80	85
1	0,0	30,0	80	85
1	0,0	30,0	80	85
1	0,0	30,0	80	85
1	0,0	1,0	80	80
1	0,0	1,0	80	97
1	0,0	1,0	80	95
1	3,2	1,0	80	127
1	3,2	1,0	80	127
1	3,2	1,0	80	127
1	3,2	1,0	80	127
1	3,2	30,0	75	-
1	3,2	30,0	80	-
1	0,0	1,0	75	110
1	0,0	1,0	75	110
1	0,0	1,0	75	110
1	0,0	1,0	75	110
2	6,4	5	75	150

2	6,4	5	75	150
2	6,4	5	75	160
2	6,4	5	75	160
2	3,2	15,5	75	125
2	3,2	15,5	75	125
2	3,2	15,5	75	125
2	6,4	5	80	164
2	6,4	5	80	164
2	6,4	5	80	164
2	3,2	15,5	80	130
2	3,2	15,5	80	130
2	3,2	15,5	80	130
2	3,2	15,5	80	130
2	3,2	5	80	130
2	3,2	5	80	134
2	3,2	5	80	130
2	3,2	5	80	134
2	0	5	75	105
2	0	5	75	90
2	0	5	75	80
2	0	5	75	70
2	0	5	80	105
2	0	5	80	100
2	0	5	80	100
2	0	5	80	105

Estimation des effects sur la largeur des bandes

Average	$= 123{,}694$ +/- $1{,}1908$
A:recirculation	$= 70{,}1723$ +/- $2{,}72624$
B:intervalle	$= -7{,}80481$ +/- $2{,}82901$
C:température	$= 8{,}15231$ +/- $2{,}00527$
AB	$= 12{,}8805$ +/- $2{,}9557$
ABC	$= -7{,}6941$ +/- $2{,}77305$

Standard errors are based on total error with 52 d.f.

Analyse de la variance pour la largeur :

Source	Sum of Squares	Df	Mean Square	F-Ratio	P-Value
A:recirculation	34311,6	1	34311,6	662,53	0,0000
B:intervalle	394,179	1	394,179	7,61	0,0080
C:température	855,956	1	855,956	16,53	0,0002
AB	983,512	1	983,512	18,99	0,0001
ABC	398,69	1	398,691	7,70	0,0077
Total error	2693,03	52	51,789		
Total (corr.)	42073,9	57			

R-squared = 93,5993 percent
R-squared (adjusted for d.f.) = 92,9838 percent
Standard Error of Est. = 7,19646
Mean absolute error = 4,95286

Le coefficient F-Ratio est 662 fois supérieur au plus petit des effets qui ont été exclus suite à leur non significativité.

Le P-Value est la probabilité de recouvrement des populations attachées aux effets.

L'effet d'ordre 3 (ABC) a été considéré même si l'effet principal est de -7,69 et que l'erreur standard est de 7,19 car Il participe à l'ajustement du modèle. De ce fait 93,6% des points expérimentaux expliquent le modèle.

Les Coefficients du modèle :

Constant	= 100,786
A:recirculation	= -31,0255
B:intervalle	= -8,93801
C:température	= -0,0144835

AB   = 2,70902
AC   = 0,514045
BC   = 0,106125
ABC   = -0,0331642

L'équation du modèle :

Largeur = 100,786 - 31,0255*recirculation
- 8,93801*intervalle -0,0144835*température
+ 2,70902*recirculation*intervalle +0,514045*recirculation*température
+ 0,106125*intervalle*température
-0,0331642*recirculation*intervalle*température

Valeurs expérimentales-valeurs calculées/intervalles de confiance.

Le graphe ci-dessous montre plus d'écart entre valeurs prévues et expérimentales en l'absence de recirculation.

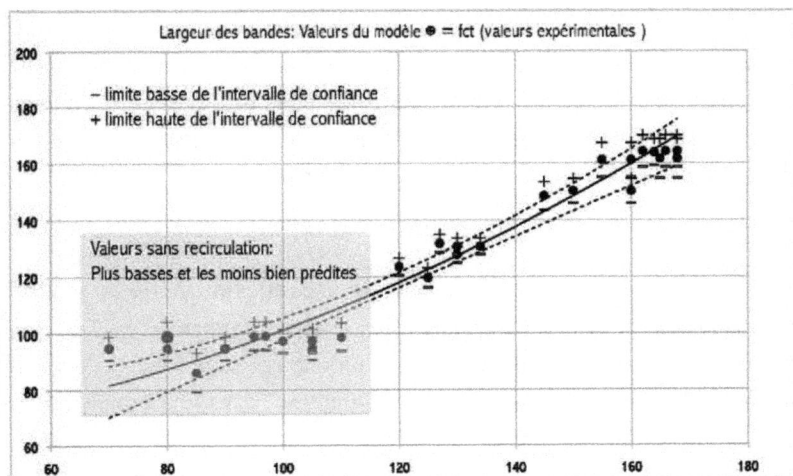

Largeur des bandes: Valeurs du modèle ● = fct (valeurs expérimentales)

- limite basse de l'intervalle de confiance
+ limite haute de l'intervalle de confiance

Valeurs sans recirculation:
Plus basses et les moins bien prédites

Pour montrer l'effet de la recirculation de la pâte sur la largeur de passe, nous appliquons au polynôme les valeurs croissantes du débit à une température fixe et pour un intervalle d'attente de 15 minutes. L'incrémentation de 1kg/min sur la recirculation augmente de manière linéaire la largeur de passe d'environ 8%.

Predicted

Recirculation (Kg/min)	intervalle (Minute)	température (Degrés)	largeur (mm)
3,2	15,5	77,5	123,694
4,2	15,1169	77,5912	134,858
5,2	14,9827	77,6838	145,924
6,2	15,087	77,7773	156,99
7,2	15,4173	77,8701	168,135
8,2	15,9602	77,9593	179,425

Cet exemple illustre le bien fondé de la construction de matrices d'essais. Sans parler de son application sur le procédé au final, il apprend que la modélisation et la hiérarchisation des paramètres doivent être un réflexe du chimiste. Toute démarche de ce type porte ses fruits, pensez retour d'expériences.

La planification expérimentale est une réflexion murie sur la base d'échanges entre formulateurs, laissez du temps au cerveau d'édifier votre action. Réalisez quelques essais exploratoires pour révéler les tendances et les limites, car l'enjeu est "d'entrer" dans le domaine qui contient la solution.

3.6-MOTS-CLÉS POUR CARACTÉRISER LES POLYBUTADIÈNES

ⓐ Vitesse de gélification

ⓑ Traction cisaillement

ⓒ Stabilité en température

ⓓ Etanchéité à l'eau

ⓔ Elongation

ⓕ Absorption d'eau

ⓖ Tenue au Jaunissement

ⓗ Tenue au vieillissement en cataplasme humide

ⓘ Résistance au grenaillage

ⓙ Finesse de broyage

ⓚ Tenue à la corrosion

ⓛ Variation dimensionnelle

ⓜ Enthalpie de réaction

ⓝ Taux de réticulation

ⓞ Facteur de perte, méthode Oberst

Conclusion sur les butyles et les polybutadiènes vulcanisables

Tout est dans les nuances du réseau. Pour aller vers une colle à forte contrainte, explorez les polymères riches en doubles liaisons plutôt que d'utiliser un excès de soufre, combinez-le avec d'autres réticulants qui créent des ponts plus souples. Un bon collage n'est pas uniquement donné par une force en traction cisaillement mais aussi par une résistance à la sollicitation du joint. Il faut toujours penser "roue de secours" c'est à dire construire un réseau que se compense quand des ponts sont insuffisamment créés. Si une colle choc est votre objectif, sachez qu'il faut composer entre le souple et la force : une structure dense qui s'étire, l'organisation des polymères est capitale.

Si votre cible est l'ammortissement des vibrations intégrez le maximum de matières participatives comme les charges et minéraux lamellaires, les polymères non ramifiés associés ou non avec des butyles solides, et surtout optimisez le réseau.

BIBLIOGRAPHIE

[3]   http://www.kurarayliquidrubber.com

[4]   http://www.sartomer.com

[5]   Sadhan K, Jim R.White, *Rubber Technologist's Handbook*, Rapra Technology Limited, 2001, ISBN 1 85957-440-8.

[6]   https://www.tut.fi/ms/muo/tyreschool: Mechanism of vulcanization with sulfur, accelerators and activators ; Vulcanization of non-olefin rubbers with metallic oxides.

[7]   https://rubbertech.wordpress.com/category/technical-notes/

[8] George E.P.Box, William G.Hunter, J.Stuart Hunter, *Statistics for Experimenters*, John Wiley & Sons, 1978, ISBN 0-471-09315-7.

[9]   Gilles Sado, Marie-Chrsitine Sado, *Les plans d'expériences, De l'expérimentation à l'assurance qualité*, AFNOR, 2000, ISBN 2-12-450321-9.

[10]   Michel Moreau, Alain Mathieu, *Statistique appliquée à l'expérimentation*, éditions Eyrolles, 1979.

[11]   Cuthert Daniel, *Use of Half-Normal Plots in Interpreting Factoriel Two Level Experiments*, Technometrics, Vol.1, n°4, November 1959.

[12]   G.Philippeau, *Composantes Principales, comment interpréter les résultats ?*, Collection STAT-ITCF, 1992, ISBN 2-86492-161-8.

[13]   L. Eriksson, E. Johansson, N. Kettaneh-Wold and S. Wold, *Multi-and Megavariate Data Analysis, Principles and Applications*, UNIMETRICS ACADEMY, june 07 2001, ISBN 91-973730-1-X.

[14] François Louvet, *Les derniers plans historiques, les réseaux de Doehlert*, Expérimentique, 2006.

[15] http://pedagogie.ac-toulouse.fr/ (D. Bounie, Polytech'Lille - IAAL, L'usine agro-alimentaire)

Figure 3.10 : Livre cité *Rubber Technologist's Handbook*

Figure 3.11 :http://www.kurarayliquidrubber.com

Figure 3.12 : http://www.sartomer.com

Figure 3.13 : Brochure Sipomer, Rhodia

Figure 3.14 : Ignatz –Hoover Fred, Flexsys America, Byron To, *Chem Technologies*
Terryl ED, Arkon rubber Developpment laboratory.

Fin du chapitre 3.■

CHAPITRE 4 : les colles polyuréthanes

4.1-LES TYPES

🐾Les polyuréthanes sont mono composant ou bi composants.

Les mono composants. Il s'agit d'un prépolymère avec un taux de NCO résiduel capable de réagir avec l'humidité de l'air. Ce type de colle est utilisé dans l'industrie automobile pour le collage des lunettes et des pare brises. Sur les chaînes de montage le produit est pompé à chaud partir de futs pour être extrudé sur les pourtours des pièces. En service après vente le produit est conditionné en cartouches d'environ 300 ml et extrudé manuellement.

Les bi composants. Ils sont constitués d'une partie contenant des polyols et une partie d'isocyanate. C'est au dernier moment que les deux réactifs sont mis en commun dans les buses mélangeuses au moment de la dépose sur les supports à encoller.

4.2-APPLICATIONS

Comme cité précédemment les polyuréthanes mono composants sont employés dans le collage de vitrage et le collage d'éléments pour faire de l'assemblage et de l'étanchéité pour leur bonne résistance à l'eau. Les bi composants sont utilisés dans de larges applications : collage du bois, de matières plastiques, de certains métaux. Formulés à des basses viscosités ils sont injectés ou coulés dans des moules pour la réalisation de pièces.

La réaction avec un alcool donne un uréthane :

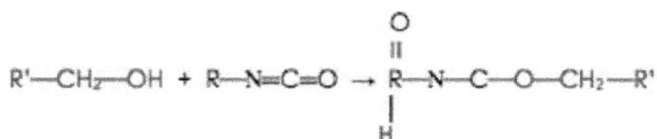

$$R'\!-\!CH_2\!-\!OH \;+\; R\!-\!N\!=\!C\!=\!O \;\rightarrow\; R\!-\!\underset{\underset{H}{|}}{N}\!-\!\overset{\overset{O}{\|}}{C}\!-\!O\!-\!CH_2\!-\!R'$$

Un excès d'isocyanate donne un allophanate selon la réaction :

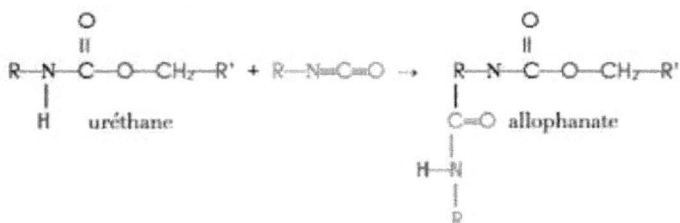

$$R\!-\!\underset{\underset{H}{|}}{N}\!-\!\overset{\overset{O}{\|}}{C}\!-\!O\!-\!CH_2\!-\!R' \;+\; R\!-\!N\!=\!C\!=\!O \;\rightarrow\; R\!-\!\underset{\underset{C=O}{|}}{N}\!-\!\overset{\overset{O}{\|}}{C}\!-\!O\!-\!CH_2\!-\!R'$$

uréthane   allophanate

$$\begin{array}{c} C=O \\ | \\ H-N \\ | \\ R \end{array}$$

Certaines amines comme la Jeffamine® D2000 sont utilisées pour provoquer une réaction partielle qui crée une thixotropie artificielle. L'extrusion des cordons se fait sans coulure :

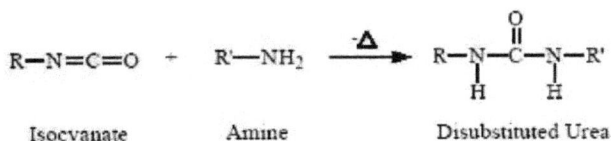

$$R\!-\!N\!=\!C\!=\!O \;+\; R'\!-\!NH_2 \;\xrightarrow{\;\Delta\;}\; R\!-\!\underset{\underset{H}{|}}{N}\!-\!\overset{\overset{O}{\|}}{C}\!-\!\underset{\underset{H}{|}}{N}\!-\!R'$$

Isocyanate   Amine   Disubstituted Urea

L'excès d'amine conduit au biuret :

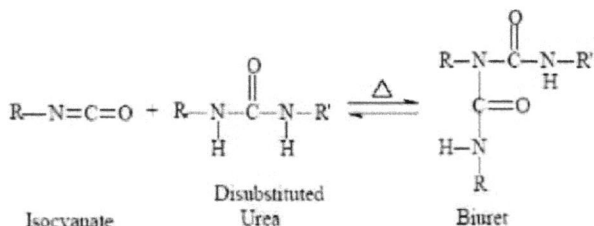

Isocyanate — Disubstituted Urea — Biuret

Il est entendu que la formation d'un uréthane est réalisée en l'absence d'eau qui conduit au moussage du mélange:

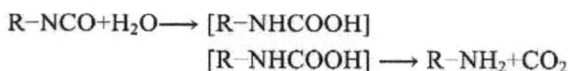

$$R-NCO + H_2O \longrightarrow [R-NHCOOH]$$
$$[R-NHCOOH] \longrightarrow R-NH_2 + CO_2$$

4.4-LA FORMULATION

Nous allons traiter le cas des colles et celui des produits de coulée avec la chimie du Méthylène bis phenyl di isocyanate.

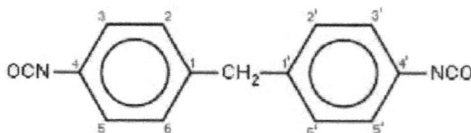

Méthylène bis phényl di isocyanate

124

La partie polyols est constituée des matières suivantes :

☐Les polymères hydroxylés.

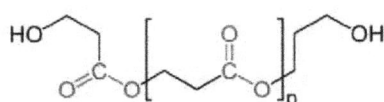

Structure des polyesters polyols

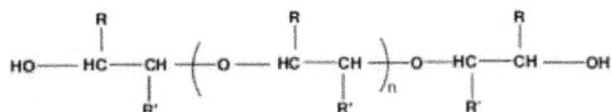

Structure des polyéthers polyols

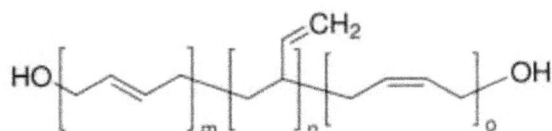

Polybutadiène hydroxylé utilisé pour des
applications militaires.

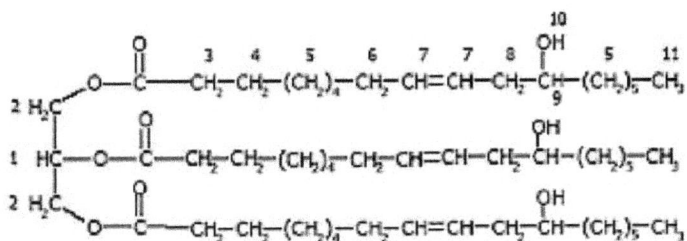

L'huile de ricin couramment utilisée pour son prix attractif.

Les polycaprolactonediols ou triols : $H[O(CH_2)_5CO]_nO\text{-}R\text{-}$
$O[CO(CH_2)_5O]_mH$ ont une bonne tenue à la température :

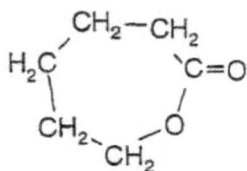

ε-caprolactone, base de
synthèses variées

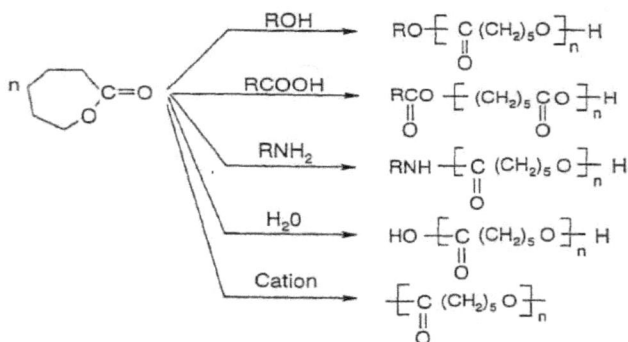

Source: DAICEL Chemical Industry, Ltd

Applications possibles des polycaprolactones :

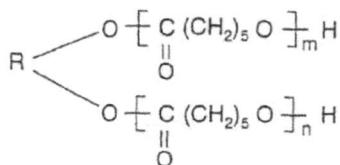

126

```
Acrylic acid
┌──────────────────────┐
│ Polyesteracrylate    │  :  UV-cure coating
└──────────────────────┘

Diisocyanate  ┌──────────────────────────┐
│ Polyurethaneprepolymer   │  :  Flexible polyisocyanate
└──────────────────────────┘     hardening agent
              │ HEA
              ▼
Diisocyanate  ┌──────────────────────┐
│ Urethaneacrylate     │  :  UV-cure coating
└──────────────────────┘
HEA
Acrylpolyol  ┌──────────────────────────┐
resins       │ Flexible acrylurethane   │  :  Elastic coating for
             │ coating                  │     plastics
             └──────────────────────────┘

Diisocyanate  ┌──────────────────────┐
Chain extender │ Polyurethane resin   │  :  UV-cure coating
               └──────────────────────┘

Epoxy resin  ┌──────────────────────┐
│ Flexible epoxy resins │  :  Epoxy coating
└──────────────────────┘
```

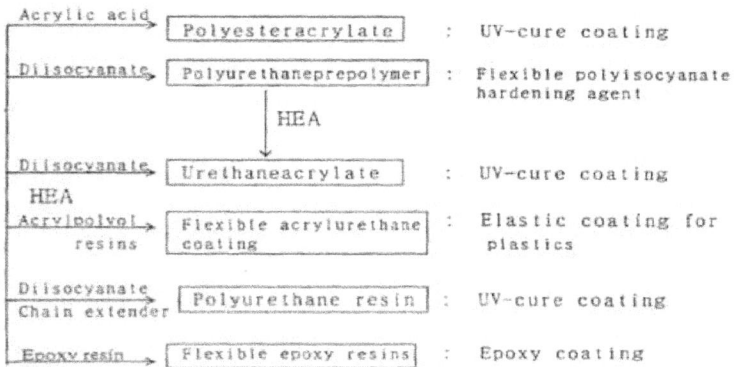

Source: DAICEL, applications des polyols base caprolactone
selon leurs masses molaires.

Uses	Molecular weight				
	500	1000	2000	3000	4000
Paint (affording flexibility to epoxy resins)	▬▬▬▬▬▬▬				
Urethane binder		▬▬▬▬▬▬▬▬▬▬▬▬			
Urethane adhesives			▬▬▬▬▬▬▬▬▬▬▬▬		
Urethane elastomers		▬▬▬▬▬			

L'huile de lin ci-après permet l'adhérence sur l'acier galvanisé
par formation d'une amide R-CO-NH-R' :

127

Acide	Structure	Pourcentage
Acide palmitique		5,5%-7,8%
Acide stéarique		4,7%-7,1%
Acide oléique		17,3%-22,3%
Acide linoléique		13,8%-18%
Acide linolénique		48,4%-58,3%

Il existe les mono, bi, tri et tétra hydroxylés dont les réactivités vont dans le sens de leur fonctionnalité. Un tétra hydroxylé réagit rapidement sur le NCO en donnant un réseau dense au matériau final dur. Inversement plus un polyol est à longue chaîne, moins il est réactif. En fin de réaction le polyuréthane est souple. Les polyesters polyols donnent en général des polyuréthanes plus sensibles à l'humidité que les polyéthers polyols.

Les polyols sont caractérisés par leur indice d'hydroxyle et par leur fonctionnalité.

L'indice d'hydroxyle est le nombre de mg de potasse nécessaire pour neutraliser l'acide acétique se combinant par acétylation à 1g de polyol.

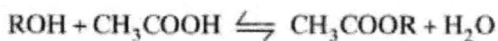

$$ROH + CH_3COOH \leftrightharpoons CH_3COOR + H_2O$$

> La fonctionnalité est le nombre d'hydroxyles par mole.

Les charges. Ce sont les mêmes que celles décrites dans les chapitres précédents. La différence notable est que le choix se porte souvent vers les charges contenant le moins d'humidité. Par expérience l'emploi du Calofort S contenant moins de 1% d'eau est recommandé. Dans tous les cas il est impératif de sécher les constituants. Certains adoptent le séchage préalable des polyols sous vide par chauffage, d'autres utilisent des capteurs d'eau comme des tamis moléculaires qui captent physiquement l'eau.
Pour les polyuréthanes de coulée qui présentent une viscosité basse (1500 mPa.s) on choisit des charges fines pour limiter la sédimentation au cours du stockage.

Si on cherche un polyuréthane ponçable donc dur et friable le talc de structure lamellaire associé à des polyols multi fonctionnels est une solution recommandée.

Les agents thixotropants. Les silices préférentiellement hydrophobes sont utilisées, surtout dans la partie durcisseur (isocyanate).

Certaines amines comme les Jeffamine® sont introduites dans la partie polyol à faible taux (1%) pour que lorsque le mélange polyols-isocyanate est fait, se produise une réaction de l'amine sur les NCO qui provoque un épaississement du liquide pâteux. Dans le cas d'une extrusion cette réaction empêche les cordons de s'affaisser sur leur support.

Structure des Jeffamine® :

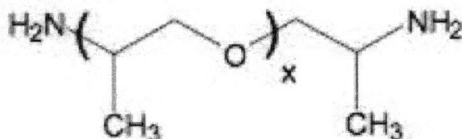

Les agents d'adhérence. Compte tenu de la forte polarité des uréthanes, ils donnent une bonne adhérence sur les supports variés comme le bois, le polyester, les composites. Dans certains cas de présence résiduelle d'agents de démoulage de composites, l'adhérence peut être nettement améliorée en introduisant des molécules silanisées comme le .3Glycidyloxypropyltriméthoxysilane.

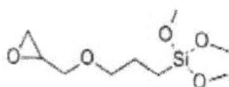

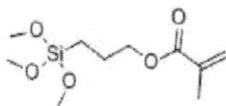

3-glycidyoxypropyltrimethoxysilane   3-methacryloxypropyltrimethoxysilane

Les catalyseurs. On peut citer les sels organiques d'étain, les sels de bismuth et de zinc. Les amines comme la pipérazine et l'Ethyl imidazole.

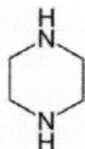

Structure de la pipérazine   Structure de l'Etlyl 1 imidazole

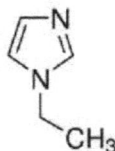

130

Les plastifiants. Les nonyl phtalates et les décyl phtalates sont largement utilisés. Cependant d'autres plastifiants alternatifs aux phtalates comme l'ester de phénol de l'acide alkylsulphonique (Mesamoll®), le 2, 2, 4-Trimethylpentanediol diisobutyrate (TXIB™), le térephtalate de di (2-éthylhexyle) (Eastman™ 168).

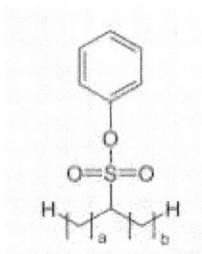

Structure du
MESAMOLL®

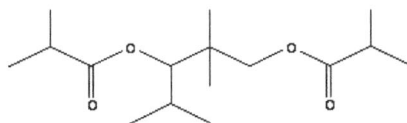

Structure du plastifiant TXIB™

La partie isocyanate est constituée des matières suivantes :

Soit le MDI (Méthylène bis phenyl di isocyanate) tel quel ou bien sous forme de prépolymère contenant un taux d'isocyanate résiduel en rapport stœchiométrique avec les polyols.
Lorsque le polyol est faiblement hydroxylé la quantité stœchiométrique en MDI est faible, comme souvent il s'agit de mélanger des parties en rapports de volume, le volume de prépolymère facilite cette exigence.
Pour les colles en rapport de volume 1:1 la partie durcisseur est chargée.

	Viscosité	Seuil d'écoulement	Réactivité	Temps ouvert	Résistance à la coulure	Tenue au stockage	Adhérence	Dureté
Mesure de la propriété	Ⓐ	Ⓐ	Ⓜ	Ⓜ	Ⓝ	Ⓞ	Ⓓ	Ⓞ
Sens recherché (exemple)	↘	↗	↗	↗	↗	↗	↗	↘
Les polyols mono fonctionnels	+	−	−	++	−−	=	±	−−
Les polyols bi et tri fonctionnels	−	−	+	−	−	=	+	+
Les polyols tétrafonctionnels	−−	−	++	−−	+	=	++	++
Les plastifiants	++	−	±	±	−−	−−	±	−−
Les catalyseurs (sels métalliques)	+	−	++	−−	=	=	±	++
Les catalyseurs amines	=	=	+	−	=	=	±	+
Les amines à haut poids moléculaire	++	++	+	−	++	=	±	=
L'oxyde de calcium	=	=	=	±	=	+	+	+
Les tamis moléculaires	−	+	+	±	±	++	+	+
Les craies enrobées	+	++	=	=	++	++	++	+
Les craies non enrobées	−−	+	=	=	+	+	+	+

Les talcs	––	–	=	=	–	–	+	±
La bauxite	=	–	=	=	–	––	=	++
Les diluants	++	––	––	++	––	––	––	––
Les silices pyrogénées	––	++	=	=	++	++	––	=
Les pigments	±	±	=	=	=	=	=	=
Les silanes	+	––	=	=	–	=	++	–

Ⓐ Rhéomètre

Ⓜ Suiveur de viscosité

Ⓝ Test d'extrusion, jauge Daniel

Ⓓ Traction cisaillement – pelage

◎ Visuel: sédimentation, ou appareillage

◎ Duromètre Shore

🐭 *Pour résumer sur l'adhérence des polyuréthanes*

Facteurs à effet positif	Facteurs à effet négatif
Les polyols polyesters plus polaires Les molécules silylées Les charges enrobées Les charges lamellaires (micas, talc) Les plastifiants phtalates, benzoates	Les silices Les agents mouillants Les agents thixotropants chimiques Les charges non enrobées à fine granulométrie Les charges trop humides Les plastifiants secondaires (esters de colza)

4.41-Calcul des quantités stœchiométriques :

Partie polyol	Partie isocyanate
La fonctionnalité d'un polyol est donnée par l'expression	Le poids équivalent du MDI est donné par la formule :
Fonctionnalité = nombre de moles de OH / nombre de moles du polyol L'équivalent en poids d'hydroxyle est **Eq. en poids OH (meq/g)** **= 56,1 x1000 / indice d'hydroxyle ***	**Eq. en poids NCO** **= 42 x 100 / %NCO** 42 est la masse molaire du NCO
Où 56,1 est la masse molaire de KOH On multiplie par 1000 car le nombre OH est pour 1g de polyol l'indice d'hydroxyle est donné par le fournisseur de polyol (mg KOH/g) (*) donné par le fournisseur	
Exemple	Exemple
Un polyol avec un nombre d'hydroxyle de 172 donne un équivalent hydroxyle par g de polyol de 56100/ 172= 326	Pour le MDI qui contient 31% de NCO l'équivalent en poids par g est : 42000/31% = 135
326 g de polyol réagissent sur 135 g de MDI à 31% Le rapport de mélange en poids est 326 x 100/135 = 42 soit 100g de polyol pour 42g de MDI ou bien encore on part de l'indice d'hydroxyle : 172 x 7,5/31	

On bâtit sur feuille Excel l'application du calcul avec un polyol :

Grade	sovermol 805
Indice $_{OH}$ (mg KOH/g)	172

Equivalent en poids de OH (meq/g)	326
% NCO du MDI	31,5
Masse MDI pour stoechiométrie	41,0
% polyol dans partie A	100 %
Masse de MDI pour chaque polyol	41,0

Le même tableau est appliqué à plusieurs polyols : pour 100g de résine qui contiennent les polyols il faut faire réagir 26,9g de MDI, soit 8,5g de NCO libre.

Grade	Voranol CP 4755	propanediol	nafol C12
Indice $_{OH}$ (mg KOH/g)	36	1475	281
Equivalent en poids de OH (meq/g)	1558	38	200
% NCO DU mdi	31,5	31,5	31,5
Masse MDI pour stoechiométrie	8,6	351,2	66,9
% polyol dans partie A	40,98%	6,50%	0,80%
Masse de MDI pour chaque polyol	3,5	22,8	0,5
TOTAL MDI théorique dans le durcisseur	26,9		
Masse de NCO libre dans le durcisseur	8,5 ← masse de NCO est pour 100g de résine		

🐢 Continuons notre raisonnement. Le formulateur veut conditionner sa colle en cartouche 1/1, peu importe si les densités des parties résine et durcisseur sont différentes.

Les calculs ci-dessous déroulent le cheminement pour définir le taux de NCO libre que doit contenir le durcisseur. C'est lui qui définit la préparation ou non d'un prépolymère. Dans cet exemple le durcisseur de densité 1,24 doit contenir près de 10% de NCO libre. Le rapport de mélange est donné pour 100 parties de résine.

	Polyol 1	Polyol 2	Polyol 3	Polyol 4
Grade	lupranol 3402	voranol CP 4755	propanediol	nafol C12
Indice $_{OH}$ (mg KOH/g)	470	36	1475	281
Equivalent en poids de OH (meq/g)	*119*	*1558*	*38*	*200*
% NCO DU mdi	31,5	31,5	31,5	31,5
Masse MDI pour stoechiométrie	111,9	8,6	351,2	66,9
% polyol dans partie A	*40,98%*	*6,50%*	*0,80%*	
Masse de MDI pour chaque polyol	*3,5*	*22,8*	*0,5*	
TOTAL MDI théorique dans le durcisseur	26,9			
Masse de NCO libre dans le durcisseur	8,5	= masse de NCO est pour 100g de résine		
	1,43	= densité de la partie résine		
	70,2	= Volume de 100g de résine		
	1	= facteur **F** à appliquer selon le type de cartouche (1)		
	70,2	= volume du durcisseur pour la cartouche choisie		
	8,5 g	= de NCO sont contenus dans 70,2 ml de durcisseur		
	1,24	= densité de la partie durcisseur		
	87,0	= masse du volume du durcisseur		
	9,73%	= % NCO libre dans le durcisseur		
	100 / 87	= rapport de mélange en poids		

136

	résine/durcisseur
	100 / 100 = rapport de mélange en volume
	résine/durcisseur

(1) cartouche 1/1   **F=1**

Cartouche 4/1   **F=4**

Cartouche 10/1   **F=10**

Autre exemple : colle PU en rapport de mélange 100 : 10 : la partie durcisseur est 10 fois plus petite que la partie résine.

	Polyol 1	Polyol 2
Grade	poly BD R45HT	dodécanol
Indice $_{OH}$ (mg KOH/g)	47,1	300
Equivalent en poids de OH (meq/g)	*1191*	*187*
% NCO DU mdi	31,5	31,5
Equivalent en poids de NCO	133	133
Masse MDI pour stoechiométrie	11,2	71,4
% polyol dans partie A	*32,20%*	*1,60%*
Masse de MDI pour chaque polyol	*3,61*	*1*
TOTAL MDI théorique dans le durcisseur	4,8	
Masse de NCO libre dans le durcisseur	1,5 = masse de NCO est pour 100g de résine	
	1,47 = densité de la partie résine	
	68,0 = Volume de 100g de résine	
	10,0 = facteur F à appliquer selon le type de cartouche	
	6,8 = volume du durcisseur pour la	

137

	cartouche choisie
	1,5 g sont contenus dans 6,8ml de durcisseur
	1,20 = densité de la partie durcisseur
	8,2 = masse du volume du durcisseur
	18,34% = % NCO libre dans le durcisseur
	100 / 68 = rapport de mélange en poids résine/durcisseur
	100 / 10 = rapport de mélange en volume

Cartouche 1/1   **F=1**

Cartouche 4/1   **F=4**

Cartouche 10/1   **F=10**

4.42- Calculs pour préparer un prépolymère contenant 10% de NCO libre

Quand le taux de NCO à opposer à la partie polyols est bas (cela arrive quand les polyols ont des indices d'hydroxyle bas et qu'il faille travailler en rapport de mélange 1 :1, nous sommes amenés à préparer un prépolymère dans la partie durcisseur. [17]

On peut utiliser un polyol d'indice d'OH d'environ 172 comme le polymeg 650 sur lequel on fait réagir du MDI en excès. C'est l'écart entre la quantité stœchiométrique et le MDI donnant le taux résiduel de NCO que nous calculons sur Excel :

CONSTITUANTS (%)

Polyol (OHV 173)	26,12	
MDI à 31,5% NCO libre	43,00	
Masse de MDI stoechiométrique	10,74	= 41,1 x 26,12/100
Excès de MDI	32,26	= 43 – 10,74
% NCO LIBRE THEORIQUE	10,16%	= 32,26 x 0,315/100
Déshydratant+plastifiant	30,88%	

Nous avons les ratios de polyol et de MDI nécessaires pour que le taux de NCO libre dans le durcisseur soit de 10% en tenant compte des masses des autres additifs comme le déshydratant, le plastifiant éventuel et la silice hydrophobe.

En général les prépolymères sont préparés à température ambiante mais sous vide. Le temps de mélange et la phase de refroidissement doivent être respectés. Pour stopper la réaction et stabiliser le prépolymère on utilise l'Isocyanate de tosyle qui réagit plus rapidement sur les OH résiduels. On assure l'absence d'eau en déshydratant par du tamis moléculaire.

4.43-Dosage des NCO libres

Le principe est de faire réagir sur un échantillon de durcisseur de la dibutylamine en excès. L'excès de dibutylamine est dosé avec une solution d'acide chlorhydrique en présence d'indicateur coloré, le bleu de bromophénol.

Les réactifs.
1L de solution de dibutylamine 0,1N dans du Chlorobenzène
De l'isopropanol
Bleu de bromophénol

Protocole :
On fait réagir dans un erlenmeyer un échantillon de 2g de durcisseur avec 20ml de solution de dibutylamine. Au mélange on ajoute 2 à 3 gouttes d'indicateur coloré.

On procède à la titration à la burette avec la solution d'acide chlorhydrique 0,1N jusqu'au passage de la couleur jaune au bleu persistant pendant 15 secondes.

Le même dosage est réalisé sur 20ml de la solution de dibutylamine (essai blanc)

Le % NCO = $\dfrac{(V_{blanc} - V_{dosage}) \times 420 \times \text{Titre de l'acide}}{\text{Masse de l'échantillon en mg}}$

V_{blanc} = volume d'acide pour neutraliser 20ml de solution de dibutylamine

V_{dosage} = volume d'acide pour neutraliser l'excès de dibutylamine

4.5-EXEMPLES CREATIFS

4.51-Définition d'une fenêtre d'utilisation

Contexte

Une colle contenant un catalyseur à base de sel de mercure était livrée chez Matra dans les années 1999 pour coller des pièces de SMC sur de la tôle galvanisée au trempé. Imaginez un bain d'alliage de zinc de 300m^3 qui traite les châssis des véhicules de l'époque. Le procédé de collage consistait à encoller les pièces et à appliquer des conformateurs chauffants par induction pour initialiser la réticulation de la colle.

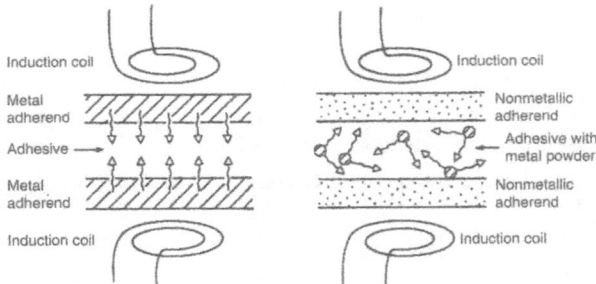

Figure 4.1-Induction : le champ électromagnétique par une bobine de métal conducteur crée un courant induit (courant de Foucault) qui élève rapidement la température du support conducteur.

Le sel de mercure ayant été remplacé par une combinaison de néodécanoate de zinc et de néodécanoate de zinc-bismuth, la réactivité s'est révélée proche mais moins grande qu'avec le sel de mercure. L'introduction de cette nouvelle colle a donc nécessité la définition des paramètres de mise en œuvre de la colle pour que le procédé sur la ligne assure le collage des assemblages.

Les quatre paramètres incontournables étaient l'épaisseur du joint de colle, le temps de palier en température, la température d'induction et le temps de montée en température. Un plan d'expériences a donc été bâti pour comparer la colle contenant le sel de mercure avec la nouvelle au regard des forces en traction cisaillement.

Les attributs du plan :

Plan choisi	: Doehlert à 4 facteurs soit 21 essais
Facteur A	: épaisseur de 0.5 à 8mm
Facteur B	: palier de 35 à 75 secondes
Facteur C	: température de 100 à 160 degrés
Facteur D	: montée de 15 à 55 secondes

Le mode opératoire suivant a été défini pour que les 21 essais ne subissent pas d'aléas extérieurs aux paramètres ciblés :

-La durée du mélange de la partie résine avec le durcisseur a été fixée à 2 minutes (c'est le temps durant lequel le mélange n'a pas amorcé sa montée en viscosité).

-Le temps de confection des éprouvettes a été fixé à 1'30.
-traction sur support SMC/tôle galvanisée = 1 minute après induction

Matrice des essais :

essai	X1	X2	X3	X4	Epaisseur	Palier	Température	Montée
1	0	0	0	0	4,25	55	130	35
2	1	0	0	0	8	55	130	35
3	-1	0	0	0	0,5	55	130	35
4	0,5	0,866	0	0	6,125	72,32	130	35
5	-0,5	0,866	0	0	2,375	72,32	130	35
6	0,5	-0,866	0	0	6,125	37,68	130	35
7	-0,5	-0,866	0	0	2,375	37,68	130	35
8	0,5	0,289	0,816	0	6,125	60,78	154,48	35
9	-0,5	-0,289	-0,816	0	2,375	49,22	105,52	35
10	0,5	-0,289	-0,816	0	6,125	49,22	105,52	35
11	0	0,577	-0,816	0	4,25	66,54	105,52	35
12	-0,5	0,289	0,816	0	2,375	60,78	154,48	35
13	0	-0,577	0,816	0	4,25	43,46	154,48	35
14	0,5	0,289	0,204	0,791	6,125	60,78	136,12	50,82
15	-0,5	-0,289	-0,204	-0,791	2,375	49,22	123,88	19,18
16	0,5	-0,289	-0,204	-0,791	6,125	49,22	123,88	19,18
17	0	0,577	-0,204	-0,791	4,25	66,54	123,88	19,18
18	0	0	0,612	-0,791	4,25	55	148,36	19,18
19	-0,5	0,289	0,204	0,791	2,375	60,78	136,12	50,82
20	0	-0,577	0,204	0,791	4,25	43,46	136,12	50,82
21	0	0	-0,612	0,791	4,25	55	111,64	50,82

Note : conversion des coordonnées normées en coordonnées réelles :

Quantité réelle de X1 :
$= (1+X1_{mini}) \times (X1_{max}-X1_{mini})/2 + X1_{mini}$

Colle sans sel de mercure :

Estimated effects for contrainte

Average	= 0,150621 +/- 0,00571332
A:Epaisseur	= 0,0705536 +/- 0,0258047
B:palier	= 0,0600656 +/- 0,0227601
C:Température	= 0,203992 +/- 0,0227285
CD	= 0,166233 +/- 0,064333

Standard errors are based on total error with 15 d.f.

Analysis of Variance for contrainte - doehlert

Source	Sum of Squares	Df	Mean Square	F-Ratio	P-Value
A:Epaisseur	0,00482916	1	0,00482916	7,48	0,0154
B:palier	0,00449918	1	0,00449918	6,96	0,0186
C:Température	0,0520376	1	0,0520376	80,55	0,0000
CD	0,00431318	1	0,00431318	6,68	0,0208
Total error	0,00968995	15	0,000645996		

Total (corr.)   0,07538   19

R-squared = 87,1452 percent

R-squared (adjusted for d.f.) = 83,7173 percent = % de points expliquant le modèle

Standard Error of Est. = 0,0254165 = écart type sur les valeurs

Mean absolute error = 0,0174011

Durbin-Watson statistic = 1,87128 (P=0,4490)

Regression coefficients. for contrainte - doehlert

Constant   = 0,216368
A:Epaisseur   = 0,00940714
B:palier   = 0,00150164
C:Température   = -0,0014486
D:montée   = -0,0180086
CD   = 0,000138528

L'équation du modèle est la suivante :

Contrainte = 0,216368 + 0,00940714*Epaisseur
+ 0,00150164*palier -0,0014486*Température
–0,0180086*montée +0,000138528*Température*montée.

Tableau récapitulatif des valeurs expérimentales et calculées :

Row	Observed Value	Fitted Value	Lower 95,0% CL for Mean	Upper 95,0% CL for Mean
1	0,16	0,151091	0,138871	0,163312
2	--	0,185898	0,154702	0,217093
3	0,14	0,115344	0,0864305	0,144258
4	0,22	0,194003	0,165605	0,2224
5	0,18	0,159196	0,132016	0,186376
6	0,12	0,142046	0,113649	0,170443
7	0,1	0,10724	0,0800595	0,13442

144

8	0,24	0,260031	0,231633	0,288428
9	0,04	0,0412115	0,0140315	0,0683916
10	0,08	0,076018	0,0476205	0,104415
11	0,05	0,0850635	0,0579285	0,112198
12	0,2	0,225224	0,198044	0,252404
13	0,21	0,217119	0,189984	0,244254
14	0,2	0,210824	0,18709	0,234559
15	0,12	0,11712	0,0949333	0,139308
16	0,21	0,151927	0,128192	0,175662
17	0,14	0,160972	0,13883	0,183115
18	0,2	0,173376	0,135012	0,211741
19	0,17	0,176018	0,153831	0,198205
20	0,17	0,167913	0,14577	0,190056
21	0,03	0,0482611	0,009896	0,0866256

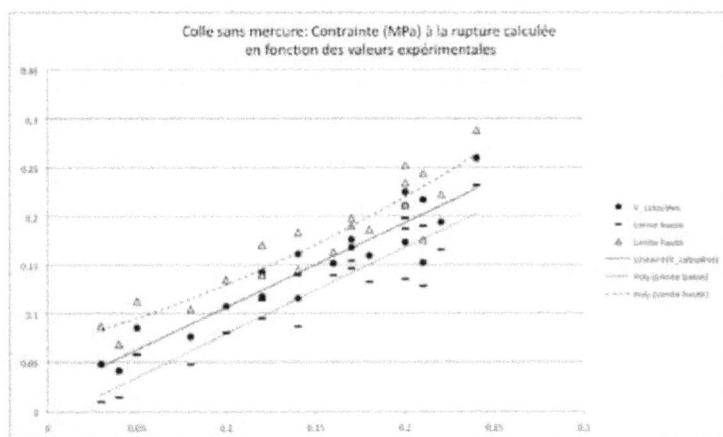

Figure 4 2 –Corrélation entre les valeurs de traction cisaillement de la colle sans sel de mercure, avec les valeurs calculées par le modèle.

Optimize Response:

Goal: maximize contrainte

Optimum value = 0,334887

Factor	Low	High	Optimum
Epaisseur	0,5	8,0	6,52924
Palier	37,7	72,3	72,3
Température	105,5	154,5	154,487
Montée	19,2	50,8	50,7998

Colle contenant le sel de mercure :

Estimated effects

Average	= 0,302851	+/- 0,0162363
A:Epaisseur	= 0,252517	+/- 0,0589808
B:palier	= 0,122543	+/- 0,0469658
C:Température	= 0,203832	+/- 0,0469005
D:montée	= -0,0949156	+/- 0,0469441
AA	= 0,294481	+/- 0,11972

Standard errors are based on total error with 14 d.f.

Analysis of Variance for doehlert

Source	Sum of Squares	Df	Mean Square	F-Ratio	P-Value
A:Epaisseur	0,0504199	1	0,0504199	18,33	0,0008
B:palier	0,0187267	1	0,0187267	6,81	0,0206
C:Température	0,0519555	1	0,0519555	18,89	0,0007
D:montée	0,011245	1	0,011245	4,09	0,0627
AA	0,0166409	1	0,0166409	6,05	0,0275

Total error   0,0385099   14   0,00275071

Total (corr.)   0,17228   19

R-squared = 77,6469 percent

R-squared (adjusted for d.f.) = 69,6637 percent

Standard Error of Est. = 0,0524472

Mean absolute error = 0,0338798

Durbin-Watson statistic = 1,70148 (P=0,2600)

Residual autocorrelation = 0,0495864

Regression coeffs. Doehlert

Constant   = -0,1782
A:Epaisseur   = -0,0553299
B:palier   = 0,00306358
C:Température   = 0,00339719
D:montée   = -0,00237289
AA   = 0,0104704

L'équation du modèle est:

Contrainte avec Hg = -0,1782 - 0,0553299*Epaisseur
+ 0,00306358*palier +0,00339719*Température
- 0,00237289*montée + 0,0104704*Epaisseur^2

Estimation Results (CL= Control Limit)

Row	Observed Value	Fitted Value	Lower 95,0% CL for Mean	Upper 95,0% CL for Mean
1	0,38	0,304561	0,269936	0,339186
2	-	0,57635	0,429625	0,723076
3	0,32	0,323834	0,225999	0,421669
4	0,46	0,453974	0,391473	0,516475
5	0,33	0,32939	0,272632	0,386167
6	0,24	0,347974	0,285473	0,410475
7	0,19	0,223399	0,166632	0,280167
8	0,5	0,501974	0,439473	0,564475
9	0,18	0,175399	0,118632	0,232167
10	0,33	0,299974	0,237473	0,362475
11	0,22	0,256561	0,195491	0,317632
12	0,35	0,377399	0,320632	0,434167
13	0,38	0,352561	0,291491	0,413632
14	0,4	0,401974	0,339473	0,464475
15	0,31	0,275399	0,218632	0,332167
16	0,48	0,399974	0,337473	0,462475
17	0,32	0,356561	0,295491	0,417632
18	0,36	0,404561	0,343491	0,465632
19	0,31	0,277399	0,220632	0,334167
20	0,3	0,252561	0,191491	0,313632
21	0,16	0,204561	0,143491	0,265632

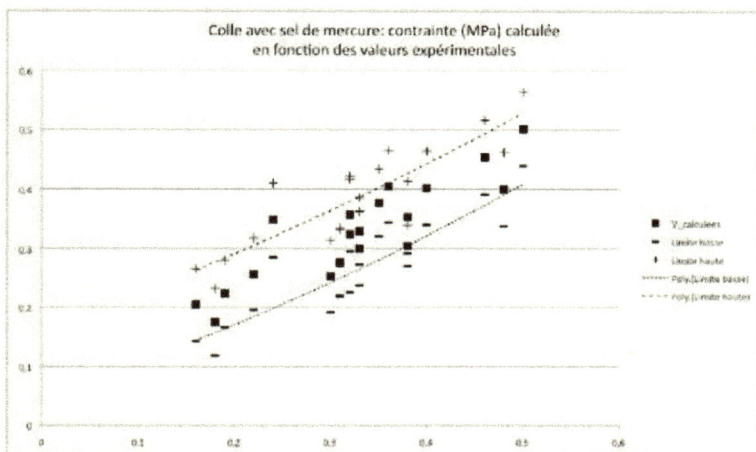

Figure 4 3 –Corrélation entre les valeurs de traction cisaillement de la colle avec sel de mercure et les valeurs calculées.

Optimize Response : Optimisation des paramètres pour maximiser la contrainte

Goal: maximize
Optimum value = 0,711013

Factor	Low	High	Optimum
Epaisseur	0,5	8,0	8,0
Palier	37,7	72,3	72,3
Température	105,5	154,5	145,907
Montée	19,2	50,8	23,3591

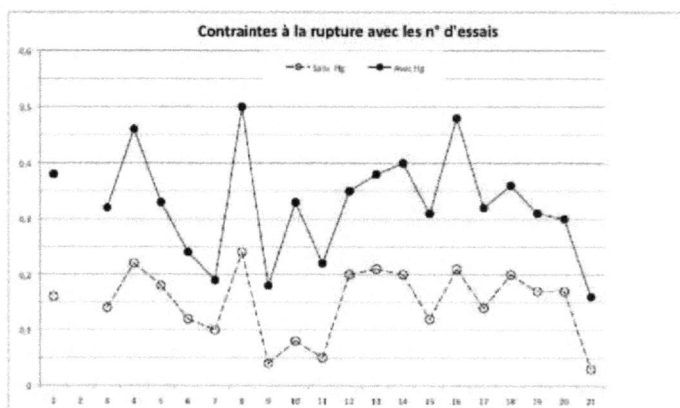

Figure 4 5 –Distribution des contraintes à la rupture

Comparaison des optimums pour les 2 colles :

		Sel de mercure	Bismuth-zinc
Epaisseur	(mm)	8	6,5
Palier	(sec)	72,3	72,3
Température	(°C)	145,9	54,5
Montée	(sec)	23	51
Contrainte max	(MPa)	0,71	0,33

La différence sur les optimums démontre l'écart de réactivité des deux colles: la colle sans catalyseur au mercure nécessite 10°C de plus avec un temps de montée plus long pour atteindre deux fois moins de contrainte à la rupture. Cette force étant le résultat d'un protocole, celle ci monte au voisinage de 3 MPa par réticulation progressive au cours du temps.

Les 3 pics maximums des 2 colles correspondent aux essais 4, 8 et 16. Epaisseur de joint commune de 6 mm qui représente finalement une masse favorable à l'amorçage de la réaction sous l'effet de la montée en température du joint.

Essai	X1	X2	X3	X4	Epaisseur	Palier	Température	Montée
4	0,5	0,866	0	0	6,125	72,32	130	35
8	0,5	0,289	0,816	0	6,125	60,78	154,48	35
16	0,5	-0,289	-0,204	-0,791	6,125	49,22	123,88	19,18

CONCLUSION:

L'épaisseur des joints n'est pas un frein sur la réticulation du produit. Contrairement à la colle avec sel de mercure, la colle sans mercure réticule moins rapidement car elle présente une moindre sensibilité à la température. L'application des colles est restreinte aux épaisseurs de joints minimales de 5mm. Ces résultats ont été exploités sur la chaîne de montage.

4.52-Polyuréthane pulvérisable

Le projet de traiter le plancher d'un véhicule avec un revêtement anti usure nous a été soumis. Le cahier des charges comprenait l'exigence d'être pulvérisable, une réactivité permettant un durcissement rapide , l'adhérence sur une tôle cataphorèsée , une dureté élevée, un aspect de surface en vaguelettes.

La formulation de la colle est la suivante :

Huile de riçin N°1	30,00	
Isorob R386	4,000	(1)
Portalum B25	25,500	(2)
Winnofil spt premium	22,000	(3)
Sylosiv A3	6,000	(4)
Noir printex G	4,000	(5)
Exxsol D80	8,500	(6)

(1) polyol tétra fonctionnel: réactivité – dureté.

(2) charge de bauxite de dureté Mohs 8,5: résistance à l'abrasion.

(3) charge enrobée thixotropante: aspect visuel du revêtement.

(4) tamis moléculaire: déshydratant.

(5) noir de carbone: couleur.

(6) solvant hydrocarbure aliphatique: abaisseur de viscosité.

Le rapport de mélange en poids : 100 résine/25 MDI

Figure 4.6 - Plancher recouvert d'une couche d'uréthane

Figure 4.7 -Test d'abrasion sur 60 000 cycles

Les mesures des épaisseurs sur diverses zones mettent en évidence des variations très faibles indiquant que la couche est résistante à l'abrasion.

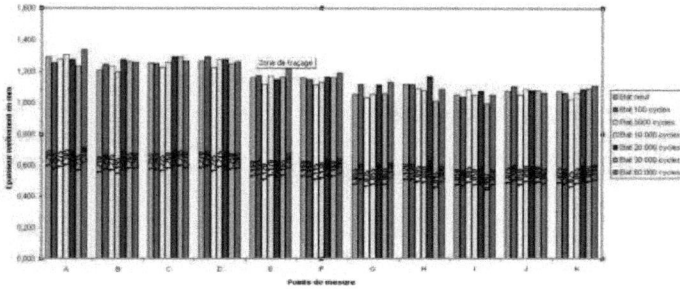

Figure 4 8 –Mesure des épaisseurs des zones avec le nombre de cycles

4.53- Uréthane à base de polybutadiène hydroxylé

Partie polyol :

Composants	Parties	
Polybutadiène R45HT	32.2	
Irganox 1076	0.1	(1)
Oxyde de fer jaune	0.15	(2)
Calofort SM	56.47	(3)
Chaux vive	0.4	
Dodécanol	1.60	(4)
Résine époxyde EEW 320	3.00	(5)
Sursol 330	4.00	(6)
Exxsol D80	2.00	(7)
Bicat 8	0.07	(8)
Bicat Z	0.06	(9)

(1) anti oxydant, stabilisant du polybutadiène hydroxylé.

153

(2) pigment minéral d'oxyde de fer.

(3) charge thixotropante contenant un très faible taux d'humidité.

(4) stoppeur de chaîne.

(5) résine époxyde.

(6) plastifiant diluant.

(7) solvant hydrocarbure aliphatique à haut point d'éclair.

(8) néodécanoate de zinc-bismuth.

(9) néodécanoate de zinc.

Partie durcisseur :

Santicizer 261	11,90	(10)
ADDITIF TI	0,11	(11)
Gamma-glycidoxypropyltrimethoxysilane	5,80	(12)
MDI	77,5	
Silice hydrophobe	3,2	
Solution de bleu orasol GL	1,5	(13)
à 8% dans la cyclohexanone		

(10) plastifiant

(11) Isocyanate de tosyle

(12) Déshydratant du MDI par ses fonctions méthoxy silane

(13) Pigment pour mise en teinte finale du matériau

Cette colle donne des contraintes en traction cisaillement de 2 à 2,5 MPa avec un allongement de 300%.

Formule d'orientation pour adhérer sur le SMC et les composites :

Polyols	Parties	Prépolymère	Parties
Triol modifié oxyde de propylène, MW6000	47,88	Polyol MW2000, (OHvalue= 56)	17,66
Polyol MW275, OH_{value}=610	34,2	MDI (32% NCO)	67,84
Pipérazine	1,19	Silice hydrophobe	2,57
Tamis moléculaire	5,82	Talc	7,34
Talc	7,47	Di isocyanate cyclo aliphatique (IPDI)	4,59
Silice hydrophobe	2,89		
Dibutyl de di laurate d'étain (DBTDL)	0,23		
pigment noir empaté	0,33		

4.6- MOTS-CLÉS POUR CARACTÉRISER LES POLYURÉTHANES

ⓐ Vitesse de gélification

ⓑ Traction cisaillement

ⓒ Stabilité en température

ⓓ Etanchéité à l'eau

ⓔ Elongation

ⓕ Absorption d'eau

ⓖ Tenue au Jaunissement

ⓗ Tenue au vieillissement en cataplasme humide

ⓘ Résistance au grenaillage

ⓙ Finesse de broyage

ⓚ Tenue à la corrosion

ⓛ Variation dimensionnelle (si mousse)

ⓜ Enthalpie de réaction

ⓝ Taux de réticulation

ⓞ Facteur de perte, méthode Oberst

ⓟ Réactivité, temps ouvert

ⓠ Dureté Shore

> Astuce : plutôt qu'utiliser la méthyl hexyl cétone (MEK) ou un autre solvant de dégraissage des supports le Re-entry® plus 4 se montre aussi performant avec moins de risque du point de vue de l'hygiène et sécurité.

BIBLIOGRAPHIE

[**16**] Brochure polycaprolactones DAICEL,http://www.daicel.com/en/

[**14**] François Louvet, *Les derniers plans historiques, les réseaux de Doehlert*, Expérimentique, 2006.

[**17**] Brochure Brenntag Spécialités, *Preparation of prepolymers, laboratory to full-scale Production*, DOW Plastics, january 1990.

Figure 4.1 : Petrie, Edward M., *Epoxy Adhesive Formulations*, McGRAW-HILL, 2006, 535p., chemical engineering, ISBN 0-07-145544-2.

Fin du chapitre 4.■

CHAPITRE 5 : les colles polymériques modifiées silane

5.1-CONCEPT

Les polymères modifiés silane sont fabriqués par le groupe japonais KANEKA. Le greffage de fonctions méthoxy silane sur des segments alkyls conduit à des polymères qui réagissent à l'humidité.

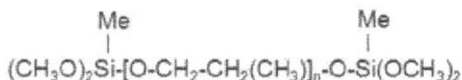

$$(CH_3O)_2Si-[O-CH_2-CH_2(CH_3)]_n-O-Si(OCH_3)_2$$

avec Me sur chaque atome de Si.

Source : KANEKA, structure du Diméthoxysilyl polyether

5.2-APPLICATIONS

La formulation des polymères modifiés silane conduit à des mastics utilisés pour le collage de matériaux variés comme les polyuréthanes sur le béton, les carrelages, les revêtements de PVC sur les sols , le collage du bois sur métal, l'étanchéité à l'eau etc...

Les mastics sont ajustables en teintes, en tack (pouvoir collant à cru), en allongement, en réactivité.

L'hydrolyse du polymère réactif libère les liaisons Si-O- comme points d'ancrage sur les substrats à coller.

Le mécanisme réactionnel est le suivant :

Etape 1 : la réaction avec l'humidité de l'air donne du méthanol

Etape 2 : la molécule formée en 1 réagit avec la molécule silylée environnante pour épuiser les –O-CH$_3$ et donner un élastomère.

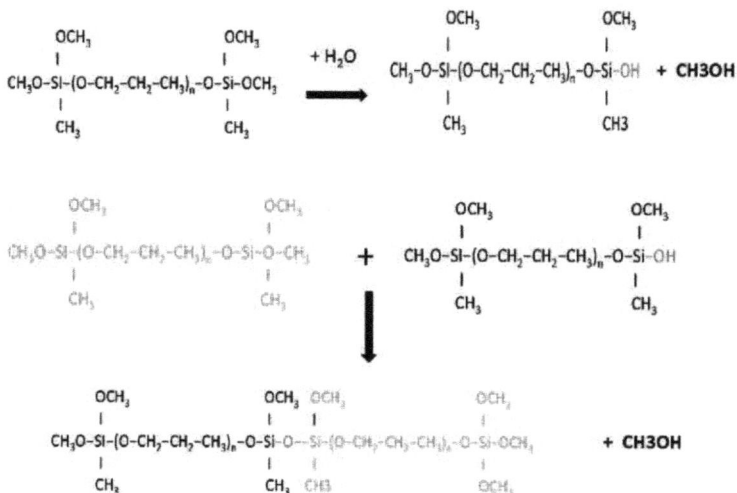

Le cordon de produit laissé à l'air durcit en surface et se solidifie jusqu'à cœur. On mesure la cinétique de réaction par le temps de formation de peau après 24h. La mesure consiste à couper le cordon après 24h et à mesurer l'épaisseur de la peau formée.

Les polymères. Pour les applications courantes le diméthylsilyl polyéther ou le triméthylsilyl polyéther sont employés selon les propriétés recherchées. Ces polymères ne présentent pas de propriété de tack à froid (absence de collant permettant de maintenir assemblées des pièces sans glissement ni fluage), il est recommandé d'y associer des polymères de type polybutène connus pour donner le tack dans les compositions à base de caoutchouc. Le fin ratio des deux quantités conduit à un mastic suffisamment réactif capable d'assembler des pièces en position verticale. Les polyols participent à la création de la matrice par création les liaisons $-C-O-Si$.

Les plastifiants. Les MS Polymères sont réputés pour être souples. Les plastifiants s'intercalent entre les macro molécules pour d'une part faciliter le mélangeage des polymères en présence des charges et d'autre part pour flexibiliser l'ensemble. Les phtalates en C9, C10, C11 sont classiquement utilisés, mais pour les respectueux de REACH, le Benzoflex™ 2088 (mélange de diéthylène glycol dibenzoate et de dipropylène glycol dibenzoate+triethylène glycol dibenzoate) est un alternatif aux phtalates.

Les charges. Dans ce cas de figure où l'eau est un facteur aggravant à la stabilité du produit final, il convient d'utiliser des charges les plus anhydres possible. Les carbonates de calcium à faible granulométrie (< 5µm) offrent de bonnes chances de donner du tack.
Certaines poudres de polyamides comme la famille des Disparlon® gonflent avec la température pour donner au produit final une thixotropie et un tack élevé souvent recherché dans les MS Polymères.

Les stabilisants. Les mastics n'étant pas soumis à des températures élevées il n'est pas nécessaire de les stabiliser dans ce sens. Par contre le produit est susceptible d'être exposé à la lumière et par conséquent il peut changer de couleur avec le temps, d'où le besoin d'introduire des stabilisants UV pris par exemple dans la gamme des Tinuvin® .

Les déshydratants. Nous avons vu que les polymères utilisés sont réactifs à l'eau et que l'objectif étant d'utiliser cette propriété pour des applications de collage et d'étanchéité, il convient, lors de la fabrication, de s'assurer du séchage optimum de toutes les matières premières. Pour s'assurer de la bonne stabilité du produit au stockage on utilise des molécules de faible masse molaire comme le VTMO (Vinyltrimethoxysilane) de structure $H_2C=CH-Si-(OCH_3)_3$. Outre ses propriétés desséchantes la substance est aussi promoteur d'adhérence. Selon le cas le formulateur assure les propriétés d'adhérence par l'ajout de 3-Aminopropyltrimethoxy silane (DAMMO) et le N-2-Aminoethyl-3-Aminopropyltrimethoxy silane (DAMO). Les fonctions amines pouvant faciliter l'adhésion sur certains substrats.

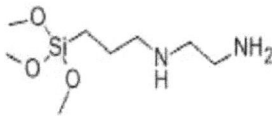

N-2-aminoethyl-3-aminopropyltrimethoxy silane

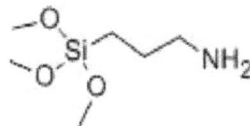

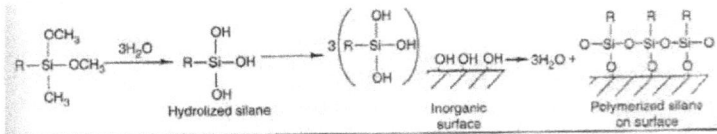

3-aminopropyl triméthoxy silane

Réaction des organo silanes avec l'eau conduisant au pontage par les liaisons Si-O- Source : « Epoxy Adhesive Formulations » de Edward M.Petrie [2]

Les pigments. Le choix est porté sur le noir de carbone, les oxydes de fer (noir, jaune) et les oxydes de Titane rutile ou anatase. Dans le cas de mastics transparents le formulateur a recours à l'usage de charges spécifiques comme des silices.

Le catalyseur. La réaction des méthoxy silane sur l'eau est lente : le temps de formation de peau (sec au toucher) est suivi par la propagation de l'hydrolyse vers le cœur du cordon. Les sels d'étain ont la propriété de catalyser l'hydrolyse pour un taux inférieur à 1%.

Pour résumer sur les matières premières des polymères silylés :

Mesure de la propriété	Viscosité	Le tack	Réactivité	Résistance à la coulure	Tenue au stockage	Allongement	Adhérence	Dureté
	a	b	c	d	e	f	g	h
Sens recherché (exemple)	↘	↗	↗	↗	↗	↗	↗	↘
Les polymères silylés à viscosité moyenne	±	−	±	−	−	+	±	±
Les polymères silylés à viscosité élevée	−	+	−	+	+	±	±	±
Les polymères tackants	−	+	−	−	+	+	−	+
Les plastifiants	++	−	−	−	=	++	+	++

	a	b	c	d	e	f	g	h
Les catalyseurs (sels métalliques)	=	=	++	=	−	±	±	=
Les craies enrobées	−−	++	=	++	±	−−	+	−−
Les craies non enrobées	−−	+	−	+	±	−	±	−
Les silices pyrogénées	−−	+	=	++	=	−−	−−	=
Les pigments	=	=	=	=	=	=	=	=
Les silanes	++	−	+	−−	+	=	++	=
Les silanes déshydratants	++	−	++	−−	++	=	+	=

a : viscosimètre brookfield, viscosimètre rotatif

b : joint soumis à un poids

c : temps de formation de peau

d : extrusion en cartouche d'un cordon à l'horizontale et à la verticale

e : extrusion durant la période de stockage

f : allongement sur éprouvette haltère

g : test de traction cisaillement

h : duromètre Shore A

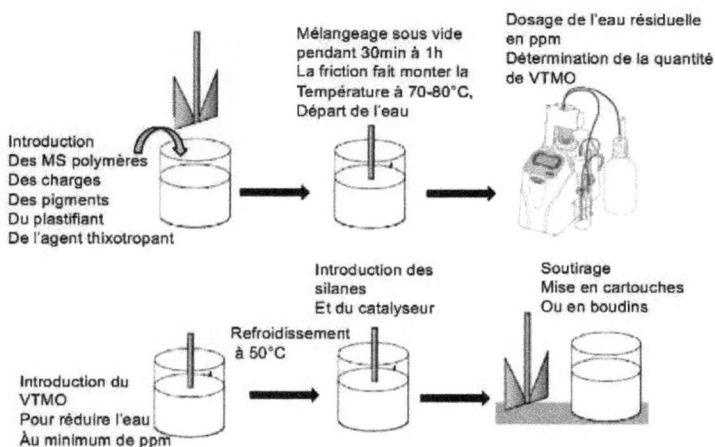

Figure 5.1 – Le procédé de fabrication nécéssite la maîtrise de la température pour que le produit final reste stable.

L'étape de déshydratation des polymères et des charges est importante car c'est à la fin de cette opération que l'on mesure le taux résiduel d'eau par la méthode de Karl Fisher [18a]. Le nombre de ppm d'eau détermine la quantité de VTMO à introduire pour obtenir un mastic stable au stockage. [18]

163

1 water consumes 2 methoxysilyl groups
(2/3 molecule of VTMO)

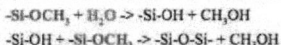

-Si-OCH$_3$ + H$_2$O -> -Si-OH + CH$_3$OH
-Si-OH + -Si-OCH$_3$ -> -Si-O-Si- + CH$_3$OH

Formula (**MAY NOT** be changed)

depends on formulation and should be changed (= total phr)

water content	necessary VTMO	Material	VTMO to be added
ppm	g/g of material	phr	phr
340	0,00186	303,5	0,57
600	0,00329	303,5	1,00
700	0,00384	303,5	1,16
800	0,00439	303,5	1,33
900	0,00493	303,5	1,50
1000	0,00548	303,5	1,66

moisture content (ppm) x 0.000548 =[2/3 x 148 (VTMO M.W.) / 18 (water M.W.)]

Exemple sur formule d'orientation suivante :

Composant	Grade	Nombre de parties
MS Polymère	S303H	100
Plastifiant	DIUP ,DIDP	50
Carbonate de calcium	Winnofil SPM	120
Oxyde de Titane	Bayer RFK-2	20
Agent thixotropant	Poly amide	5
Stablisant UV	Tinuvin (UV)	1
Absorbant UV	Tinuvin (anti ox)	1
Agent déshydratant	Dynasilan VTMO	2
Promoteurs d'adhérence	Silane 1	1,5
	Silane 2	1,5
Catalyseur	Sel d'étain	1,8

Les quantités de VTMO à ajouter sont calculées pour 1000 parties de MS produit :

164

Teneur en eau	VTMO nécessaire	Qté produite	VTMO à ajouter
ppm	*g/g*	*parties*	*pour 1000 parties*
340	0,00186	1000	1,86
600	0,00329	1000	3,29
700	0,00384	1000	3,84
800	0,00439	1000	4,39
900	0,00493	1000	4,93
1000	0,00548	1000	5,48
1100	0,00603	1000	6,03
1200	0,00658	1000	6,58
1300	0,00713	1000	7,13
1400	0,00767	1000	7,67
1500	0,00822	1000	8,22
1600	0,00877	1000	8,77
1700	0,00932	1000	9,32

5.6- EXEMPLES CREATIFS

5.61-Colle transparente

Le passage de mastics chargés à un mastic transparent nécessite une reformulation conséquente. En effet seule une charge transparente dans le milieu est autorisée et d'autre part le retrait des charges à forte prise d'huile demande de compenser la baisse de viscosité par le polymère. L'objectif est toujours d'extruder le mastic en cordons sans affaissement sur le support horizontal ou vertical.

La transparence
La solution est venue par l'emploi d'une silice pyrogènée fine traitée au HMDS (hexamethyldisilazane) pour la rendre hydrophobe :

165

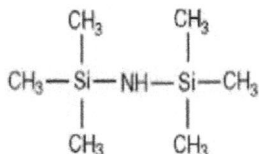

CH₃ structure diagram

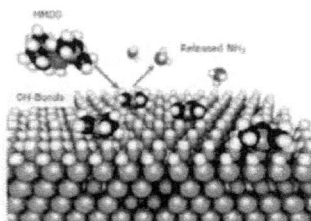

Accompanied by NH₃-release, HMDS bonds on surfaces bearing OH-groups.

Structure du HMDS agent de méthylation sur les -OH de la silice

Figure 5.2 -Source : www.microchemicals.com/ products/adhesion_promotion

La viscosité

Le gain de viscosité est réalisable en utilisant un grade de MS polymère de haute viscosité. Le formulateur a libre choix d'associer des polyols selon le besoin.

La distribution approximée des matières :

Plastifiant phtalate	≈20 %	(1)
MS haute viscosité	≈65 %	
Stabilisants	<0,5 %	
Silice à fine granulométrie	<15 %	
Dynasilan VTMO	<1 %	
Agents d'adhérence silanisés	<2 %	
Catalyseur	variable mais <2%	

(1) celui qui est le mieux adapté au cahier des charges, préférez les plastifiants non phtalates.

5.62-Colle teinte RAL 7030

L'ajustement des couleurs n'est pas toujours aisé, car en général le formulateur a recours au jeu des pigments pour trouver le bon équilibre des teintes. En l'occurrence la teinte 7030 a dû être obtenue, en voici la couleur de référence et celle obtenue après avoir utilisé la bonne charge sans pigment:

La poudre d'ardoise est judicieuse
pour ajuster une teinte gris pierre

RAL 7030

Gris pierre

C'était juste un clin d'œil pour les observateurs. Utilisez les teintes naturelles des charges, c'est souvent plus facile que de combiner les pigments.

5.6-MOTS-CLÉS POUR CARACTÉRISER LES MS POLYMÈRES

ⓐ Vitesse de gélification
ⓑ Traction cisaillement
ⓒ Stabilité en température
ⓓ Etanchéité à l'eau
ⓔ Elongation
ⓕ Absorption d'eau
ⓖ Tenue au Jaunissement
ⓗ Tenue au vieillissement en cataplasme humide
ⓘ Résistance au grenaillage
ⓙ Finesse de broyage
ⓚ Tenue à la corrosion
ⓛ Variation dimensionnelle

167

ⓜ Enthalpie de réaction
ⓝ Taux de réticulation
ⓞ Facteur de perte, méthode Oberst
ⓟ Réactivité, temps ouvert
ⓠ Dureté Shore
ⓡ Temps de formation de peau

BIBLIOGRAPHIE

[2]   Petrie, Edward M., *Epoxy Adhesive Formulations*, McGRAW-HILL, 2006, 535p., chemical engineering, ISBN 0-07-145544-2.

[18]   Brochure :KANEKA, http://www.kaneka.co.jp/kaneka-e.

Figure 5.2 :http:// www.microchemicals.com/products/adhesion_promotion.

[18a]   http://www.chimiesup.fr/publications.

Fin du chapitre 5. ∎

CHAPITRE 6 : les colles méthacrylates

6.1-CONCEPT

La chimie des méthacrylates est construite sur la polymérisation de monomères sous l'amorçage par un peroxyde à température ambiante. Les réactifs sont bien entendu stockés séparément et mixés au moment de l'encollage. Les ratios de mélanges sont variables 1 :10, 1 :4, 1 :1. Cette technologie est depuis longtemps maîtrisée par la société LORD Corporation. [19]

6.2-APPLICATIONS

Ces colles performantes collent l'acier, l'acier inoxydable, les aluminiums, les composites comme le SMC, le PMMA, le FRP, l'ABS et le verre pour certaines conditions de flexibilité. Leur réactivité à température ambiante facilite les procédés de collage. Les supports métalliques doivent être dégraissés, par conséquent leur usage sur les tôles automobiles n'est pas envisageable.

6.3-MODE DE DURCISSEMENT

Une base de monomères réagit avec les radicaux nés de la décomposition du peroxyde au contact d'une amine tertiaire.

Figure 6.1 – Extrusion de colle méthacrylate :

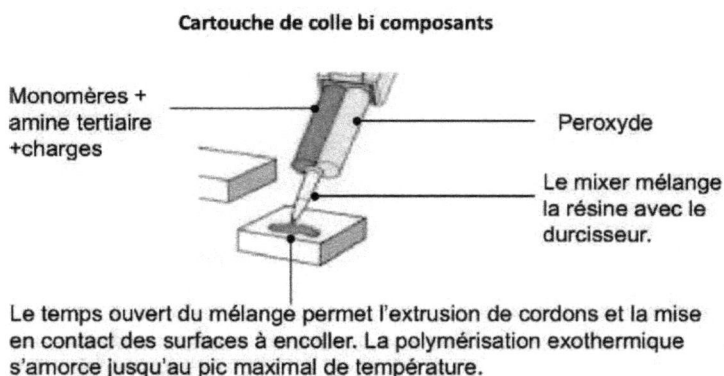

Cartouche de colle bi composants

Monomères +
amine tertiaire
+charges

Peroxyde

Le mixer mélange
la résine avec le
durcisseur.

Le temps ouvert du mélange permet l'extrusion de cordons et la mise
en contact des surfaces à encoller. La polymérisation exothermique
s'amorce jusqu'au pic maximal de température.

6.4-LA FORMULATION

Les monomères. Les fabricants offrent un panel très riche de monomères
pour satisfaire les besoins des concepteurs. Le méthacrylate de méthyle
polymérisé seul donne le polyméthylméthacrylate (PMMA).

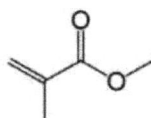

Métacrylate de méthyle   Acrylate de méthyle

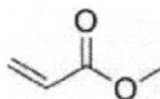

Exemples de monomères accompagnés de leurs effets principaux :

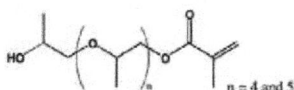

Méthacrylate de polypropylène glycol
► Flexibilité, fonction hydroxyle disponible

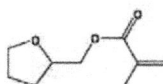

Méthacrylate de Tetrahydrofurfuryle
►Tg élevée, faible volatilité

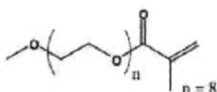

Méthacrylate de méthoxy polyéthylène glycol
► basse Tg, mouillage des surfaces

Méthacrylate de phénoxyéthyle
► Tg modérée, faible volatilité, résistance à la chaleur

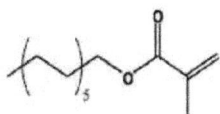

Méthacrylate de lauryle
► basse Tg, faible volatilité, hydrophobe

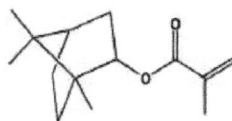

Méthacrylate d'isobornyle
► Tg élevée, dureté

Les plastifiants. Bien que l'on puisse flexibiliser les méthacrylates avec de monomères comme le méthacrylate de butyle, une faible quantité de plastifiant peut être introduite soit dans la partie résine, soit dans la partie durcisseur. Ce sont les mêmes que ceux utilisés dans les polyuréthanes.

Les promoteurs d'adhérence. Les plus courants sont les monomères fonctionnalisés avec le groupe phosphate comme l'HEMA phosphate. L'allongement de la chaîne alkyle entre la fonction méthacrylate et la fonction phosphate dirige le réseau vers plus de souplesse. C'est le cas des Sipomer® de Rhodia évoqués au chapitre 3. Par ailleurs les sels de zinc comme le diméthacrylate et du diacrylate de zinc trouvent parfaitement leur place au sein des formulations.

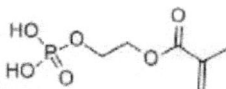

L' HEMA phosphate, promoteur d'adhérence participe à la polymérisation.

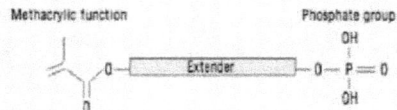

Figure 6.2 –Les grades des Sipomer® flexibilisent les réseaux méthacrylates.

Un faible taux d'acide méthacrylique conforte l'adhérence sur les métaux, il joue aussi un rôle sur la cinétique de polymérisation. Imbriqué dans les chaînes, il apporte de la dureté au matériau final. Son homologue l'acide acrylique ralentit la polymérisation et confère plus de souplesse.

Les charges. La partie résine ayant une acidité donnée par les promoteurs d'adhérence, il convient de ne pas les combiner aux carbonates de calcium non enrobés. Des charges comme le silicate de magnésium hydraté (talc), inerte sont des charges de choix. Cependant le talc donne de la viscosité aux compositions sans apporter de résistance à la coulure. Il est préférable d'y associer des silices hydrophiles pour assurer cette propriété.

Les agents épaississants. La littérature décrit l'emploi de cires de polyamides comme les Crayvallac® et les Disparlon®. Ces cires se développent par friction énergique sans nuire à l'adhérence. Les organophiles d'argile conduisent à des compositions thixotropées mais elles impactent les propriétés d'allongement. BYK fournit une large gamme d'agents thixotropants liquides donc facilement incorporables dans le milieu.

Les amines tertiaires. Elles sont nombreuses comme par exemple la DMPT (diméthylamino para toluidine), la dipropoxy para toluidine, la N, N diméthyl-p-toluidine et les amines halogénées. Rien ne sert de toutes les citer, chacune d'elles gère la cinétique de polymérisation.

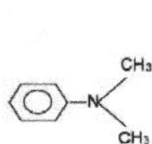

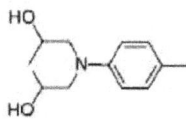

N, N diméthylaniline   N, N diméthyl-p-toluidine   N, N dipropoxy diméthyl-p-toluidine   Bromo aniline

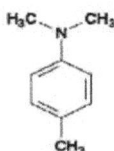

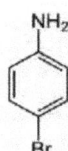

> Les effets des groupes donneurs sur l'azote renforcent la réactivité de l'amine, ils confèrent à la colle un temps ouvert court. Au contraire les groupes accepteurs (comme OH-(CH$_3$)-CH-CH$_2$-) et les halogènes électronégatifs comme le brome diminuent la réactivité de la colle. Par ailleurs plus les groupes fixés sur l'azote sont longs, plus un effet de souplesse apparaît.

Autre déclencheur de radicaux. Les sels organiques de vanadium utilisés dans les peintures comme agent siccatif est actif dans la formation de radicaux issus du peroxyde de dicumyle.

Les polymères additionnels. Les brevets décrivent l'emploi de polymères réactifs et flexibilisants comme les CTBN (Carboxyl Terminated Butadien acrylonitrile polymers) :

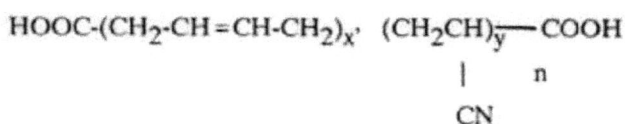

$$HOOC\text{-}(CH_2\text{-}CH=CH\text{-}CH_2)_x\text{,} \quad (CH_2CH)_{\overline{y}}\text{---}COOH$$
$$| \quad n$$
$$CN$$

Les polymères CTBN utilisés pour le compromis flexibilité-forces.

Certains grades de polymères copoblocs solubles dans le méthacrylate de méthyle complètent avantageusement les propriétés mécaniques. Par exemple les terpolymères styrène-butadiène-styrène parmi les Hybrar™ (figure 3.11) donnent de la tenue au choc. KURARAY décrit les performances de ces produits innovants. Si la flexibilisation est une cible l'association du méthacrylate de méthyle avec le méthacrylate de butyle a du bon sens.

Les additifs. La composition de la partie résine étant de réactivité élevée (fonctions phosphates, fonctions acides, fonctions diéniques, amine, monomères) il est indispensable de stabiliser le mélange par de l'hydroquinone (quelques ppm). On peut stabiliser avec un grade de résine époxyde modifiée uréthane acrylate, flexibilisant des colles époxydes. Une faible teneur en huile paraffinique (<1%) joue son rôle contre l'oxydation de surface au moment de la mise en contact des monomères et du peroxyde.

Les peroxydes dans la partie durcisseur. L'inconvéniant des colles méthacrylates est leur restriction de conditions de stockage du fait de l'instabilité des peroxydes. Par obligation les produits sont stockés à une température <10°C. Intégrés dans une matrice de résines époxydes et de charges thixotropantes, les peroxydes sont plus facilement mis en œuvre dans une proportion ajustable. A noter que le peroxyde de dicumyle plus stable se prête à la conception de colles en rapport de mélange 1:1.

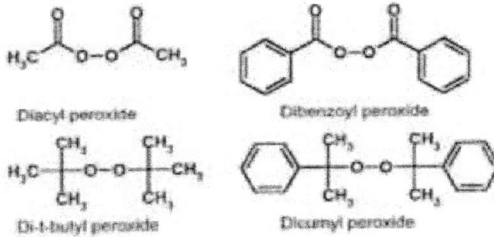

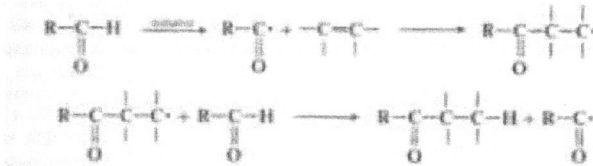

Les résines époxydes dans la partie durcisseur. C'est au choix du formulateur selon les propriétés ciblées.
On peut siter la D.E.R.™ 331, l'Epikote™ 828 (plus souple), les résines greffées élastomères type Struktol®, ou les NANOPOX® et les KANE ACE qui sont des résines époxydes contenant des microparticules d'élastomère.

6.51-Colle structurale au peroxyde de dicumyle.

Cette colle est en ratio de mélange de 1 :1 en volume. Elle est facile à extruder et présente d'excellentes propriétés de mouillage.

Ce type de colle autorise les substances communes comme le méthacrylate de méthyle, un copolymère à blocs soluble dans le monomère, les oligomères et les charges. Le sel de vanadium est séparé des résines époxydes et du peroxyde de dicumyle.

Les propriétés sont assez exceptionnelles puisque les forces en traction cisaillement en joint de 0,2mm montent à 20MPa pour un taux d'allongement d'environ 30%. La colle réticulée conduit à un matériau homogène dur et souple avec une bonne adhérence sur les aluminiums et les composites. Elle entre dans le graphe du compromis force-allongement présenté ci-dessous.

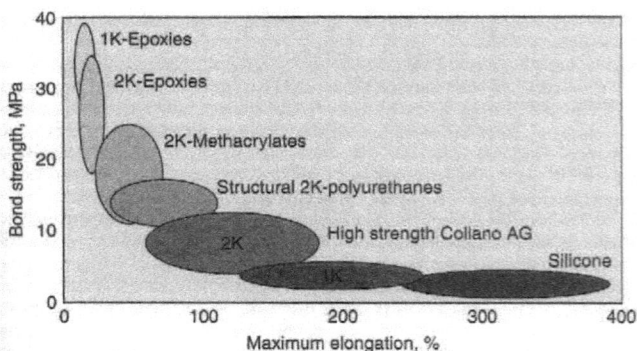

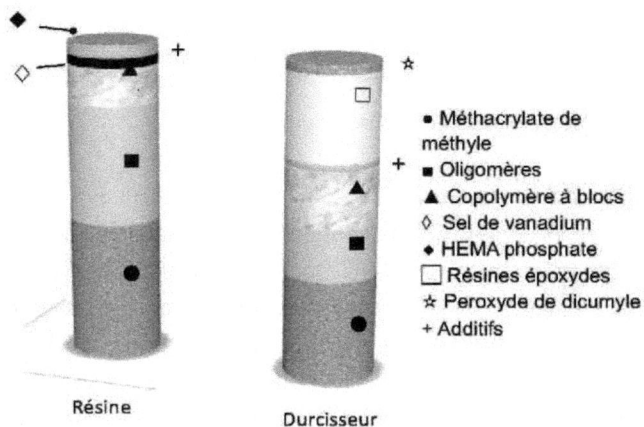

- Méthacrylate de méthyle
- Oligomères
- ▲ Copolymère à blocs
- ◊ Sel de vanadium
- ◆ HEMA phosphate
- ☐ Résines époxydes
- ☆ Peroxyde de dicumyle
- + Additifs

Résine   Durcisseur

Figure 6.3-L'équilibre des colles méthacrylates pour un compromis force- souplesse.

La réactivité de la colle se mesure en suivant la montée en température du mélange avec le temps.

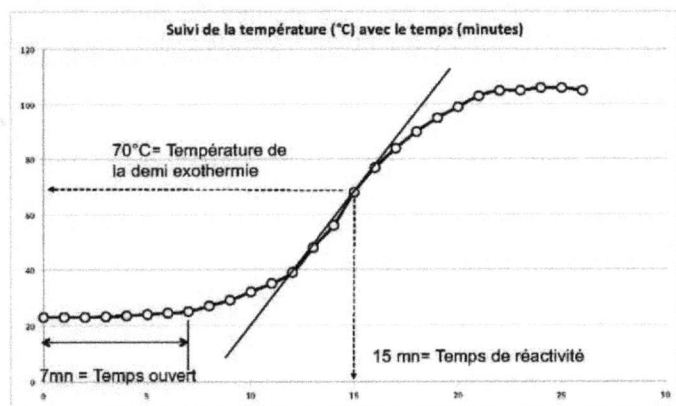

Figure 6.4 – Graphe de suivi de température du mélange résine - durcisseur d'une colle méthacrylate.

6.52- Une colle avec des degrés de liberté

Le nombre de monomères à disposition du formulateur offre des degrés de liberté infinis. A la différence d'un puzzle où chaque pièce a sa place, il existe des solutions aussi variées que l'inspiration des chimistes. La figure 6.5 schématise le volume des directions possibles dans la formulation. L'axe vertical donne le sens de l'adhérence donnée par les monomères : par exemple l'acide méthacrylique et l'acide acrylique confèrent de l'adhérence sur les métaux avec la nuance fortement marquée sur la cinétique et la souplesse finale en faveur de l'acide acrylique. Ce constat est d'autant plus remarquable que seulement 1% de ces monomères déplacent les propriétés et donc l'association des deux nuance le niveau de la propriété ciblée. Il en est de même pour la gestion de la réactivité (sur l'axe horizontal) par les amines, la N, N dipropoxy-p-toluidine est moins réactive que la DMPT (Diméthyl-p-toluidine), mais elle accentue la souplesse de l'adhésif (écart à l'axe).
Vous voyez que sur l'échiquier de la formulation les pions sont nombreux et qu'il revient au formulateur de révéler leurs règles de déplacement.

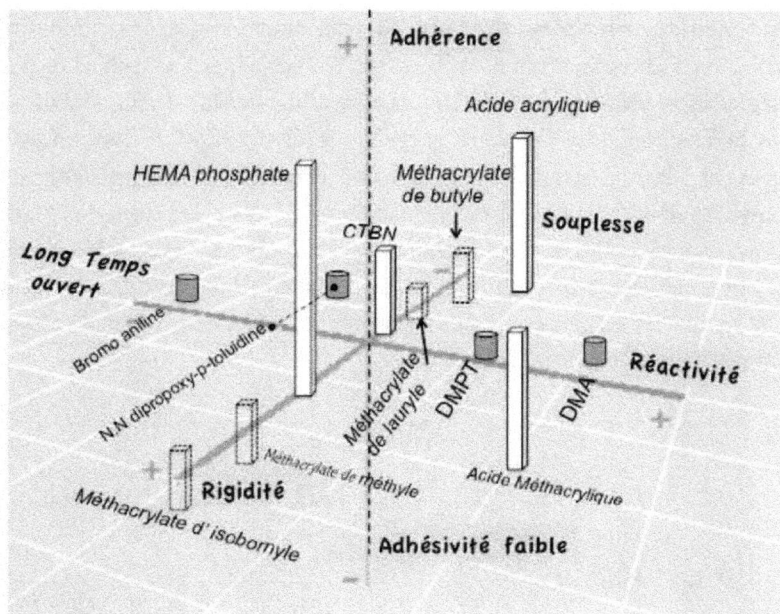

Figure 6.5-Vue 3D des facteurs directeurs des propriétés des colles méthacrylates. Les effets en direction du pelage (absence de participation à l'adhésion) sont en pointillés.

Si le procédé d'encollage nécéssite un passage en température, l'introduction d'un uréthane capable d'intégrer le réseau au cours de la polymérisation radicalaire est une aide au maintien des propriétés. En effet, en l'absence d'uréthane modifié, l'adhésif perd sa cohésion par dégradation thermique. La littérature décrit la synthèse d'un adduct issu de la réaction d'un ou deux polyols sur du MDI ; l'un des polyols pouvant être fonctionalisé hydroxyle comme le Méthacrylate de polypropylène glycol ou le méthacrylate de 2-Hydroxyéthyle. Lord Corporation maîtrise cette technologie depuis quelques décennies. L'important est de créer un adduct compatible avec le milieu, donc qu'il soit synthétisé en présence d'un monomère ou d'un plastifiant. C'est au formulateur qu'appartient ce choix.

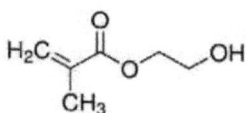

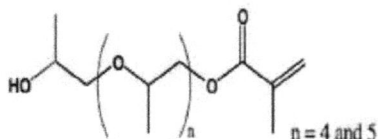

Méthacrylate de 2-hydroxyéthyle   Méthacrylate de polypropylène glycol

6.6-MOTS-CLÉS POUR CARACTÉRISER LES MÉTHACRYLATES

ⓐ Vitesse de gélification
ⓑ Traction cisaillement
ⓒ Stabilité en température
ⓓ Étanchéité à l'eau
ⓔ Elongation
ⓕ Absorption d'eau

ⓖ Tenue au Jaunissement

ⓗ Tenue au vieillissement en cataplasme humide

ⓘ Résistance au grenaillage

ⓙ Finesse de broyage

ⓚ Tenue à la corrosion

ⓛ Variation dimensionnelle

ⓜ Enthalpie de réaction

ⓝ Taux de réticulation

ⓞ Facteur de perte, méthode Oberst

ⓟ Réactivité, temps ouvert

ⓠ Dureté Shore

ⓡ Temps de formation de peau

BIBLIOGRAPHIE

[2]   Petrie, Edward M., *Epoxy Adhesive Formulations*, McGRAW-HILL, 2006, 535p., chemical engineering, ISBN 0-07-145544-2.

[19]   Dennis J. Damico, *Reactive Acrylic Adhesives*, Lord Corporation, Erie, Pennsylvania, U.S.A., Taylor & Francis Group, LLC, 2003.

site : http://www.dow.com/products

site : http://www.dbbecker.com

site : https://www.hexion.com/Products/TechnicalDataSheet.

site : http://www.kaneka.co.jp/kaneka-e et brochure

site : http://www.byk.com/fr

Brochure SARTOMER, chemical intermediates.

Graphe compromis force-allongement : *Epoxy Adhesive Formulations* **[2]**

Fin du chapitre 6.∎

CHAPITRE 7 : exemples de caractérisation

Un ouvrage distribué par la librairie Lavoisier donnera au lecteur une vue complète des caractérisations des colles : " Le collage structural moderne" de Patrice Couvrat.

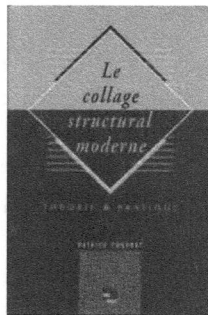

7.1 MESURES SUR LES COMPOSITIONS A L'ETAT LIQUIDE OU PATEUX

7.11-Viscosité des compositions liquides

La coupe FORD. En absence de rhéomètre ou de viscosimètre Brookfield, la viscosité des liquides newtoniens est mesurable de manière simple par la mesure du temps d'écoulement du liquide au travers d'un orifice calibré. Le temps d'écoulement s'arrête dès la coupure du filet liquide. L'avantage d'un tel dispositif est le suivi simple du diamètre de l'orifice donc la méthode est peu onéreuse avec une bonne reproductibilité. Sorti de mon laboratoire de synthèse j'ai découvert son utilisation pour le contrôle d'une résine mélamine-formol dans l'industrie du bois. Si elle paraît rudimentaire et simpliste pour un organicien, le milieu industriel l'utilise à raison pour le contrôle qualité. Pourquoi dépenser plus ?

Figure 7.1-Coupe Ford : simplicité au service de la qualité.

Des abaques donnent les viscosités correspondantes selon la densité du liquide.

7.12-Viscosité des compositions pâteuses

La rhéologie. Les rhéomètres à contrainte imposée se substituent aux rhéomètres à mobiles co axiaux. Le principe est d'imposer à une couche de matière un gradient de cisaillement jusqu'à une valeur ciblée par le cahier des charges. L'appareil relève les phases de déstructuration du mélange, identifie les paliers de cisaillement constant et mesure la restructuration.

La viscosité est donnée par la relation suivante :
Viscosité = contrainte (Pa)/ gradient de cisaillement (s-1) : $\eta = \tau/D$
Avec la contrainte = tension de cisaillement $\tau = F/S$
La viscosité η s'exprime en Dyne.s/cm^2 (le Poise) ou bien en Pa.s.

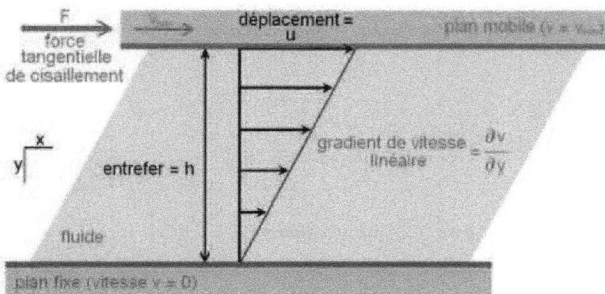

A noter que le seuil d'écoulement est souvent calculé sur la courbe descendante d'un rhéogramme, on extrapole alors la contrainte d'écoulement pour un cisaillement nul. La vraie mesure du seuil d'écoulement se fait à bas gradient : en effet l'application progressive d'une contrainte déstructure la pâte qui, après un maximum de viscosité voit celle-ci amorcer une baisse. Le seuil d'écoulement prend tout son sens au dernier point avant la déstructuration. Cette mesure est corrélée avec la résistance à la coulure.

Le viscosimètre Severs. Le principe est de faire écouler sous pression un liquide pâteux à une température contrôlée dans une buse de diamètre calibré et de longueur L. On mesure la quantité de matière délivrée en une minute. Connaissant la densité de la pate, on calcule par la loi de Poiseuille le gradient de cisaillement et la contrainte auxquels est soummis la matière, on en déduit la viscosité (au gradient de cisaillement).

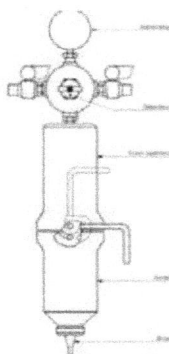

Figure 7.2-Débitmètre SEVERS

184

Définition de la loi de Poiseuille [21] applicable en écoulement stationnaire :

Le débit $Q = \pi.\Delta P.R^4/8.L.\eta$

Où:

R est le rayon de la buse ou du capillaire en mètre (*ou cm*)

L est la longueur de la buse en mètre (*ou cm*)

ΔP est la différence de pression aux extrémités de la buse en bar (*ou dynes/cm²*)

Q est le débit en m³/s (*ou cm³/sec*)

Masse volumique de la matière en g/cm³

L'expression de la viscosité devient :

$$\eta \ (Pa.s) = \pi.\Delta P.R^4 / 8.Q.L \qquad \text{ou en Poises pour les unités en}$$
italique.

On calcule le gradient de cisaillement avec la relation :

$$D \ (s\text{-}1) = 4.Q/\pi.R^3$$

Finalement la contrainte à laquelle est soummis la matière lors de son écoulement est donnée par :

$$Tau \ (Pa) = \eta.D$$

Exemple : un produit pâteux de densité de 1,62 passant sous pression de 3 bars dans une buse de diamètre de 5mm de longueur 1,5 cm donnant un débit de 250 g/min est soummis à un gradient de cisaillement de 1677 s-1 sous une contrainte de 12500 Pa.

Important : une viscosité est toujours donnée au gradient de cisaillement de sa mesure avec le système de mesure.

Cet appareillage vous l'avez compris mesure les viscosités à haut gradient de cisaillement ; si on réduit le diamètre de la buse au voisinage de 0,5mm avec un réglage de pression plus élevé on réalise de la **rhéologie capillaire**. L'outil permet d'approcher les gradients de cisaillement élevés comme ceux dans les buses de projection ou de pulvérisation.

Le flowmètre. Le principe est le même que celui du Severs avec la différence d'un passage dans une buse de faible longueur. La mesure consiste à relever le temps d'écoulement de 20g de fluide.

Résistance à la coulure. Bien souvent le formulateur réalise des mesures comparatives pour orienter ses réflexions. Dans certains cas il a besoin de tests faciles à mettre en œuvre, c'est le cas aussi des laboratoires de contrôle qualité dont les coûts de contrôle sont pris en compte dans les calculs de prix des produits.

La jauge DANIEL offre cette simplicité par l'effet de la pesanteur sur les compositions, l'absence d'usure garantit sa longévité.

Figure 7.2-Jauge DANIEL : une mesure reproductible.

L'appareil s'applique soit aux produits finis, soit au contrôle de charges dispersées dans un liquide (huile, plastifiant). On positionne la jauge à l'horizontale. On place le mélange dans la cuve hémisphérique en arasant sa surface. On déclenche un minuteur à l'instant de la mise en position verticale de la jauge. La pâte s'écoule lentement sur la surface graduée, on mesure la graduation atteinte après un temps d'écoulement défini par la méthode créée par l'expert. Cette mesure traduit la prise d'huile d'une charge dont on veut apprécier sa capacité à donner la résistance à la coulure d'une composition.

D'autres méthodes sont applicables comme la coulure d'un pavé de matière circulaire, carré, rectangulaire à des inclinaisons de 60°, 90°, 120°. Cette simulation est faite à l'ambiant suivi d'une simulation d'entrée dans une étuve chauffée.

Prise d'huile. Définition : la prise d'huile correspond à la quantité d'huile de lin nécessaire pour mouiller complètement 100g de pigment. C'est une donnée empirique, qui varie en fonction des pigments employés.
À cette donnée, on en préfère maintenant une autre, qui a l'avantage de fonctionner aussi avec des liants autres que l'huile : la CVCP (concentration volumétrique critique du pigment). La CVCP correspond à la quantité de liant minimale pour mouiller entièrement des grains de pigments : quantité de liant adsorbé sur les grains + liant interstitiel. Tout liant supplémentaire est excédentaire. [24]
(Source : http://www.3atp.org/?Les-substances-filmogènes)

Plus la charge ou le pigment absorbe d'huile, plus il est apte à épaissir une composition, mais attention cela ne veut pas dire que la charge en question donnera du seuil d'écoulement donc de la résistance à la coulure. Cela nous ramène à la jauge Daniel qui soumet le mélange à l'effet de la pesanteur.

7.2-LES MESURES DE REACTIVITE

Le suiveur de viscosité. L'appareil est constitué d'un axe vertical animé d'un mouvement pendulaire dont l'extrémité plonge dans la composition en cours de durcissement. Les mesures exploitables sont les suivantes :

t_{dg} est le temps de début de gel, c'est la limite du temps ouvert durant lequel l'assemblage des éléments à coller est réalisé (l'écrasement des cordons pour faire les joints est opportun).

t_g est le temps de gel au cours duquel la formation des macromolécules fait augmenter la viscosité. A ce stade il est trop tard pour espérer écraser des cordons.

t_{dp} est le temps qui permet la manipulation des assemblages.

T_p est le temps de polymérisation, l'adhésif est opérationnel.

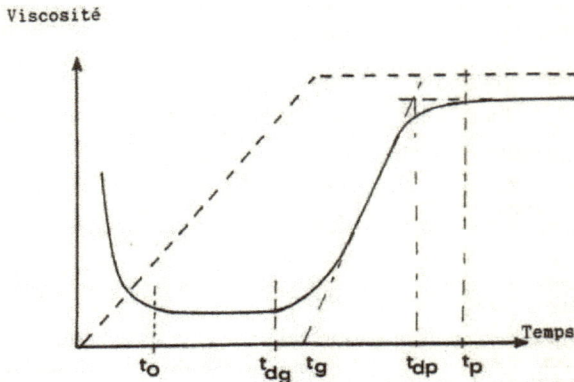

188

Certains adhésifs comme les polyuréthanes peuvent atteindre une température de 60°C quand les polyols sont tri ou tétra fonctionnels, dans ce cas les temps de gel sont courts (<3minutes). Dans le cas des colles méthacrylates la température atteint les 100°C.

La sonde de température. C'est la méthode simple qui nécéssite une sonde de température étalonnée que l'on plonge à T_0 dans le mélange résine durcisseur en même temps que l'on déclenche le chronomètre. Le profil de la réactivité est présenté sur la figure 6.4.

Le rhéomètre plan-plan. On impose une faible contrainte en mode oscillation (1Hz) à l'adhésif pris entre le mobile et le support thermostaté à la température souhaitée. Le rhéogramme est similaire à celui du suiveur de viscosité.
Attention si votre colle devient un adhésif puissant utilisez un dispositif anti adhérent.

Le four à gradient. C'est un banc Kofler plus long à la différence qu'au lieu d'une plaque continue, il présente des éléments chauffants individuellement permettant de générer un gradient de températures. On applique la matière à étudier sur une plaque métallique, celle-ci est transportée sur les segments chauffants. En fin de cycle de chauffage préréglé, on identifie la température à laquelle le produit démarre une gélification, un durcissement ou bien celle de l'amorce l'adhérence sur le support. Cet appareil apporte un gain de temps au formulateur.

189

La DSC. (Differential Scanning Calorimetric). Toute matière qui réagit avec de l'exothermie ou de l'endothermie peut être suivie en température par la DSC. On mesure la température à laquelle la réaction se produit et quantifie la quantité de chaleur dégagée ou absorbée. Cette méthode est appropriée aux époxydes et aux élastomères réticulables. Dans le cas de colles méthacrylates bi-composants fortement réactives à température ambiante, il suffit de programmer un thermogramme sur un gradient de température entre 20°C et 25°C.

7.15- Le taux de réticulation

La DSC est performante pour mesurer le niveau de réticulation d'une colle. En effet une colle mono composant susceptible de subir des températures de cuissons variables voit son niveau de réticulation plus ou moins complété. La DSC mesure la différence de chaleur entre une capsule vide et une capsule contenant une colle en cours de réticulation. Quand un phénomène est exothermique ou endothermique, un pic apparaît (vers le haut ou vers le bas selon les appareils) durant la réaction. Sur un matériau réticulé un décrochement est visible dans la zone de température de la transition vitreuse.

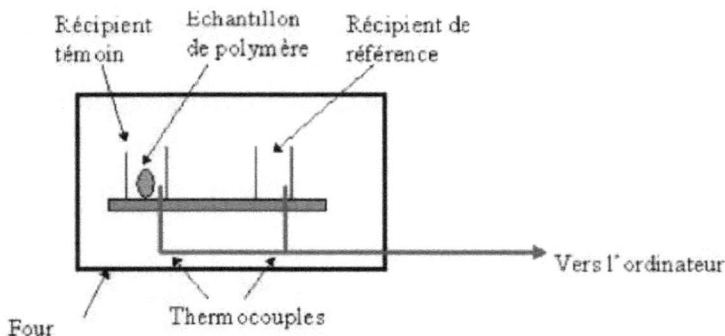

190

Considérons une colle à base de polybutadiène vulcanisable pour laquelle nous voulons connaître son degré de réticulation après avoir subit un étuvage à une température de 180°C. Le principe de la mesure est de soumettre l'échantillon de colle avant cuisson à une montée graduelle en température (en général de 10°C/min) jusqu'à sa température de décomposition 300°C par exemple. La fusion du soufre et sa réaction sur les doubles liaisons se produit dans une zone de température ΔT avec un dégagement de calories Q_1 exprimée en J/g. On procède de la même façon sur un échantillon de colle ayant subit une cuisson. La quantité de calories Q_2 ($Q_2 < Q_1$) est mesurée dans la zone ΔT de la réaction "manquante" à la réticulation totale.

La différence de calories entre Q_1 et Q_2 donne le degré de réticulation selon la formule :

$$\% \text{ degré de réticulation } \mathbf{DR} = (1 - Q_2/Q_1)\, x100$$

L'expérimentateur averti ne se contentera pas d'une détermination à partir de 2 essais. En effet des erreurs de pesée sont possibles, un remplissage des capsules peut être insuffisant entraînant une défaillance de détection de la température. Bref toute mesure doit être consistante avec une moyenne et un écart type raisonnable pour une mesure fiable.

Des précautions expérimentales sont de rigueur comme des pesées précises et le perçage des capsules qui permet l'évacuation des vapeurs de la réaction.

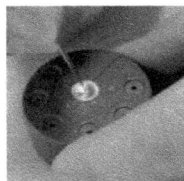

Pour approcher au mieux à la valeur du degré de réticulation, il est conseillé de procéder à 4 mesures pour déterminer Q_1 et 4 mesures de Q_2.

Les 16 combinaisons possibles données dans la table suivante sont à exploiter :

	Q2 (5)	Q2 (6)	Q2 (7)	Q2 (8)
Q1 (1)	DR $_{(1,5)}$	DR $_{(1,6)}$	DR $_{(1,7)}$	DR $_{(1,8)}$
Q1 (2)	DR $_{(2,5)}$	DR $_{(2,6)}$	DR $_{(2,7)}$	DR $_{(2,8)}$
Q1 (3)	DR $_{(3,5)}$	DR $_{(3,6)}$	DR $_{(3,7)}$	DR $_{(3,8)}$
Q1 (4)	DR $_{(4,5)}$	DR $_{(4,6)}$	DR $_{(4,7)}$	DR $_{(4,8)}$

Il convient de réaliser une analyse statistique par la droite de Henry pour extraire les valeurs significatives appartenant à une population normale. Les valeurs expérimentales des DR sont calculées avec les Q_1 (i) et les Q_2 (j) deux à deux :

$Q_1 \backslash Q_2$	29,1	24,68	28,48	48,52
158,11	81,59	84,39	81,98	69,31
131,55	77,87	81,23	78,35	63,11
137,33	40,58	38,54	40,29	49,52
99,55	21,76	18,39	21,29	36,59

Nous voilà de retour vers la droite de Henry :

Valeur observée x	Effectif cumulé	Fréquence cumulée	Normit de x
18,39	1	0,06	-2
21,29	2	0,12	-1
21,76	3	0,18	-1
36,59	4	0,24	-1
38,54	5	0,29	-1
40,29	6	0,35	0
40,58	7	0,41	0

49,52	8	0,47	0
63,11	9	0,53	0
69,31	10	0,59	0
77,87	11	0,65	0
78,35	12	0,71	1
81,23	13	0,76	1
81,59	14	0,82	1
81,98	15	0,88	1
84,39	16	0,94	2

Formules pour Excel :

EFFECTIF CUMULE : =RANG (A2; $A$2:$A$17; VRAI)

FREQUENCE CUMULEE :=B2/ ((MAX($B$2:$B$17) +1)

NORMIT DE X :=LOI.NORMALE.STANDARD.INVERSE (C2)

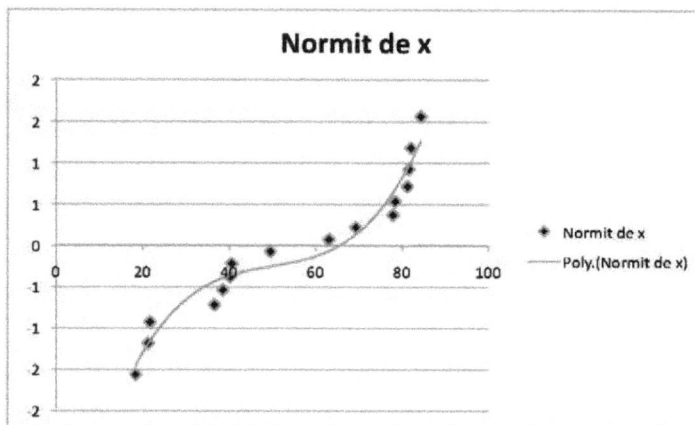

La distribution est symétrique mais **non normale** (inexistence de droite), par conséquent il n'est pas raisonnable de moyenner les valeurs et d'afficher un écart type.

Une autre façon de représenter la distribution est la droite de Daniel qui utilise un calcul plus simple.

Le classement croissant des valeurs croissantes de DR conduit à 16 lignes d'ordre i de 1 à 16.

N° d'ordre i	Valeurs DR	$P_i=100(i-1/2)/m$
1	18,39	3,125
2	21,29	9,375
3	21,76	15,625
4	36,59	21,875
5	38,54	28,125
6	40,29	34,375
7	40,58	40,625
8	49,52	46,875
9	63,11	53,125
10	69,31	59,375
11	77,87	65,625
12	78,35	71,875
13	81,23	78,125
14	81,59	84,375
15	81,98	90,625
16	84,39	96,875

$m=16$

On calcule Pi pour chaque numéro d'ordre de 1 à m dont la représentation graphique est une droite caractéristique d'une distribution gaussienne. C'est sur cette droite de référence que l'on confronte aux valeurs expérimentales.

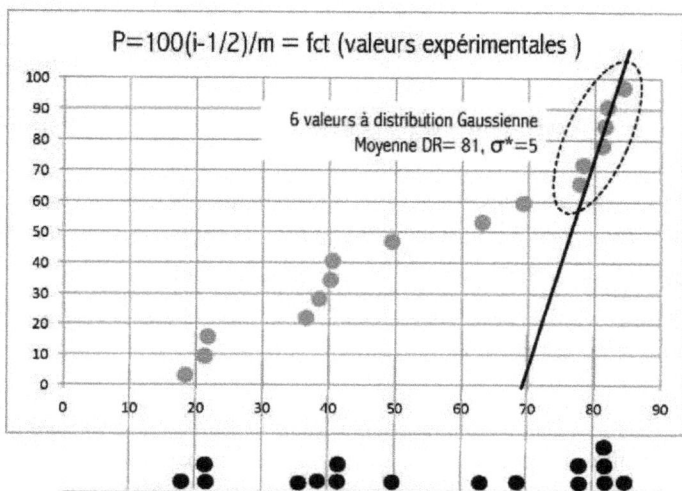

P=100(i-1/2)/m = fct (valeurs expérimentales)

6 valeurs à distribution Gaussienne
Moyenne DR= 81, σ*=5

Nous posons en ordonnée les Pi avec en abscisse les observations x. Des séquences de x alignés sur une droite sont distribuées de manière normale. Les valeurs de x s'en écartant ont une raison expérimentale non admissible pour qu'elles soient contenues dans le domaine d'incertitude du degré de réticulation mesuré. En effet si on mesure la moyenne des 16 x et l'écart type nous décrivons un CR* de 55,3% avec un écart type σ* de 24,4 à rejeter parce que les ± 3σ* (99,73% de la population théorique) renvoient CR* à des valeurs négatives.

En conséquence nous retenons 6 valeurs normalement distribuées pour définir CR%= 81 ± 5.

La Traction cisaillement. En général l'adhérence est associée au test de traction cisaillement : le joint est sollicité dans la direction de son épaisseur à une vitesse de 5 ou 10mm/minute. S'il y a rupture franche dans la matière on mesure la cohésion en MPa ($10N/cm^2$). S'il y a décollement partiel ou total du matériau on note le faciès de rupture adhésive ; dans ce cas la force d'adhésion est inférieure à la cohésion du joint. Ce test est standard.

Le clivage. Bien souvent un client utilisateur ne disposant pas de dynamomètre, procède à la désolidarisation manuelle d'une maquette assemblée. Le geste est simple mais révélateur de la performance de l'adhésif : soit le joint se désolidarise de son support, soit il arrache le support dans le cas de composites, soit il se sépare.

Le test d'adhésion. Quand un matériau est posé en couche sur un substrat métallique, il est possible de mesurer son adhérence par l'exercice d'une force d'arrachement perpendiculaire à sa surface de contact. La force d'adhésion est donnée en MPa.

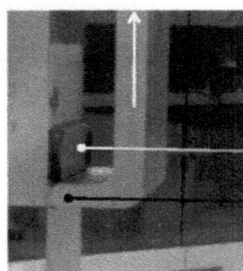

↑ Sens de déplacement de la griffe

Matériau sur son support

Pièce type griffe ayant un jeu de 0,05mm avec le support

Le pelage. L'essai consiste à lier en sandwich deux supports métalliques d'une longueur minimale de 100mm et de 25mm de largeur, avec un joint de colle calibré à une épaisseur de 0,2mm. Une fois les éprouvettes étuvées pour réticuler la colle, elles sont sollicitées pour mesurer la force de séparation du joint. On mesure la force moyenne en N/mm sur le palier du graphe force / déplacement.

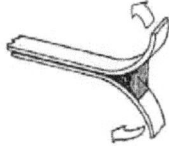

Figure 7.1-Test de pelage

Le test choc sur pendule. Ce test selon la norme ISO 11343 [**22**] consiste à mesurer la force de séparation d'un joint soumis à l'impact d'un marteau lancé avec une énergie de 50 Joules. Un adhésif à haut module de Young peut se séparer facilement sous un choc si son réseau polymérique présente une certaine cristallinité. Au contraire un adhésif autant cohésif doté d'une souplesse additionnelle donnera une réponse favorable au test.

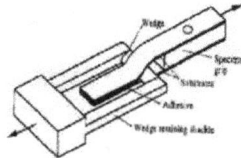

Figure 7.2-Profil d'une éprouvette de choc encollée et séparée après l'impact.

Figure 7.3-Montage du marteau

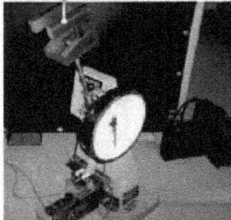

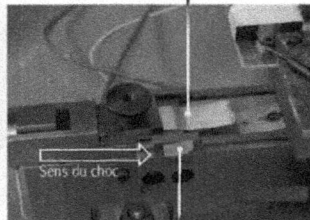

197

Figure 7.4-Test de résistance à l'impact : l'énergie de séparation de l'éprouvette est enregistrée en terme de temps à l'aide d'un capteur.

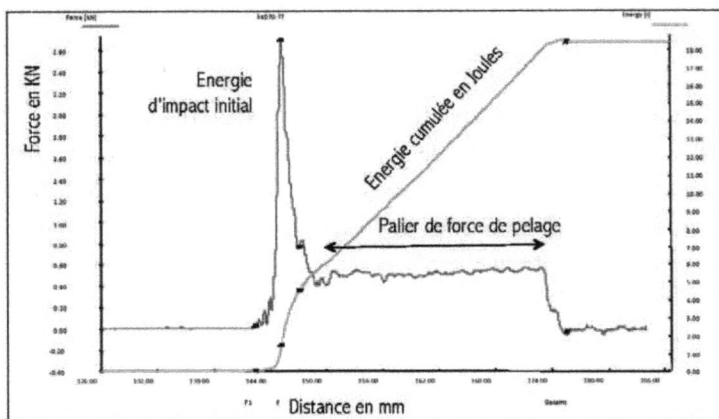

Figure 7.5-Profil de l'énergie d'impact avec le temps de choc. Seule l'énergie de pelage sur le palier est prise en compte.

Le calcul de la résistance au choc est donné par le raisonnement qui suit :

$J = N.m$

Energie = Force x Déplacement

A (J) = force F (N) x longueur s (m)S = 0,03 m (longueur de la surface encollée)

F (N) = A (J)/0,03 (m)   moyenne de la force de pelage (N) par éprouvette

198

> **PR = Résistance au pelage** ("Peel Resistance" en N/mm)
> PR (N/mm) = F/b   b = 20mm = largeur de l'éprouvette
> PR (N/mm) = A/0.03 x 20 = A/0,6 = A (J) x 1,667

Des valeurs de PR >15 N/mm sont dignes d'intérêt pour des collages structuraux résistants aux chocs. C'est une conséquence de contraintes en cisaillement élevées (15 à 20MPa) combinées avec des allongements de 5 à 30% selon la chimie des matériaux. Comme les chimistes augmentent leurs champs de connaissances dans leurs domaines, tout est ouvert.

La DMA, Dynamic Mechanical Analysis. C'est l'étude de la viscoanalyse sur solide.

La loi de HOOKE exprime pour des petites déformations, la linéarité des relations entre la déformation et la contrainte. Un ressort ≷ est un modèle élémentaire dans lequel la contrainte est proportionnelle à la déformation.

La loi de NEWTON exprime une relation linéaire entre la contrainte et la vitesse de cisaillement. Un amortisseur ± est un modèle élémentaire dans lequel la contrainte est proportionnelle à la vitesse de déformation.

Sur ces principes un matériau sollicité en fréquence constante ou variable donne une réponse en terme de module et de coefficient d'amortissement. L'effet température est détecté par une baisse du module dans la zone de la transition vitreuse Tg.

modèle de Maxwell

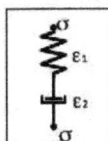

La déformation évolue tant que
la contrainte est appliquée
Comportement plutôt liquide

modèle de Kevin-Voigt

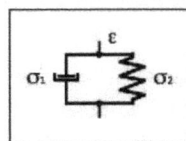

La déformation évolue vers
une valeur finale
Comportement plutôt solide

Le diagramme de la contrainte en fonction de la température à une fréquence donnée présente le profil de la figure 2.2 au chapitre 2 des époxydes.

Transition vers la mesure de l'amortissement de vibrations. Le mode sourdine du piano adoucit les sons émis par des cordes frappées. Un tampon vient amortir les ventres des vibrations. Celles-ci portées par l'air transmettent les vibrations par les masses rigides des murs. Si le talent du musicien est avéré, le voisin peut se réjouir. Dans le cas contraire il banit les murs au premier seuil de sa tempérance. Je me rappelle d'une émission au cours de laquelle une pièce de monnaie anglaise restait posée sur sa tranche sur un moteur de Royce Rolls en marche. Une jolie démonstration de la maîtrise de l'amortissement vibratoire. N'envions pas nos amis d'outre manche, nos véhicules français sont aussi optimisés avec produits déposés sur les pannaux. Ce sont des amortissants vibratoires en plaques auto adhésives ou sous forme de pâte projetée à chaud à l'aide de robots.

La quantification de l'amortissant est faite par la méthode Oberst [23]. Une poutre de métal d'épaisseur 1mm et de longeur L est d'abord soumise à un balayage de fréquences pour la calibration. Une poutre identique recouverte de matériau amortissant est analysée dans les mêmes conditions.

C'est à partir des modes de vibrations que l'on extrait le coefficient d'amortissement.

L'échange entre l'acousticien avec le chimiste est capital pour faire progresser d'abord les connaissances et atteindre les objectis sur le matériau. Les deux compétences sont complémentaires.

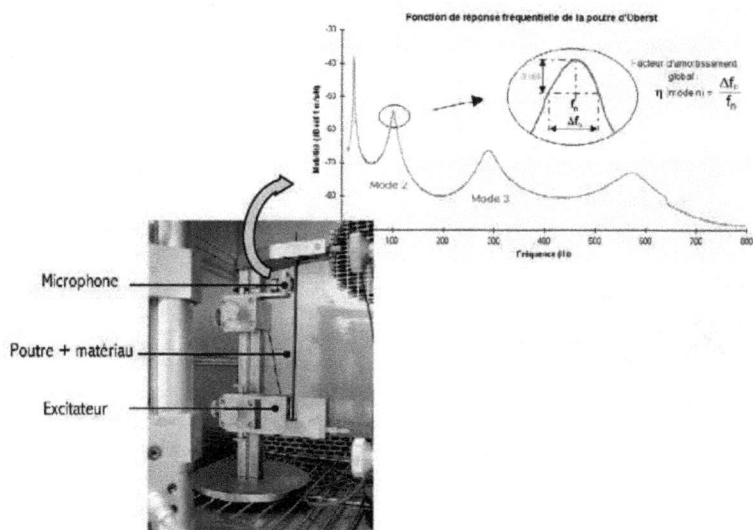

Le grenaillage. Nous avons évoqué au chapitre 1 la propriété antigravillonnaire des PVC. Ce produit appliqué en couche d'environ 800 microns à cru donne après étuvage un film de 500 microns qui protège la caisse de l'impact des gravillons. La quantification de la résistance du film est réalisée par un jet de grenaille calibrée à une pression de 3 bars. Quand le film est percé on note le temps puis on continue le grenaillage pendant une minute. La mesure de la surface elliptique découverte et le temps de perçage quantifient la résistance du film pour une épaisseur de 500 microns.

Figure 7.41-L'impact elliptique du jet de grenaille au moment du réglage de la machine.

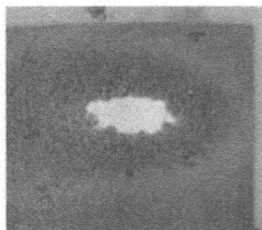

Figure 7.42-Zone découverte après la minute supplémentaire

La dureté d'un film. (Normes ASTM D 4366 ; ISO 1522) Pendule de dureté Persoz
L'essai de dureté au pendule s'appuie sur le principe selon lequel l'amplitude de l'oscillation d'un pendule qui touche une surface diminue plus rapidement si cette surface est tendre. Ce test s'applique dans le cas

de films de peinture mis en contact avec un matériau susceptible de transférer du plastifiant ou toute substance agressive dégradant la couche. Le dispositif soummet un feuil de peinture à deux demi sphères animées d'un mouvement pendulaire. Lorsque l'amplitude d'oscillation est inférieure à 3° (König) ou 4° (Persoz) on mesure de l'amplitude du pendule à l'aide de deux faisceaux photoélectriques. Le résultat final est une mesure de temps ou du nombre d'oscillations.

> Mon expérience de l'étude d'un joint de PVC a clairement démontré qu'àprès un contact de matériau PVC à 80°C pendant 4 jours, le film de peinture boit les plastifiants phtalates qu'ils soient en C8,C9,C11 ou polymériques. Seuls les plastifiants du type téréphtalate migrent très peu.

BIBLIOGRAPHIE

[20] Couvrat, Patrice, *Le collage structural moderne Théorie et Pratique*, TEC & DOC-LAVOISIER, 1992, ISBN 2-85206-796-X.
[21] Brochure SOLVAY, *Rhéologie des plastisols, bases théoriques et terminologie.*
[22] INTERNATIONAL ISO STANDARD 11343, *Adhesives — Determination of dynamic resistance to cleavage of high-strength adhesive bonds under impact conditions — Wedge impact method*, Second edition 2003-04-01.
[23] Hasan Koruk, Kenan Y. Sanliturk, *On measuring dynamic properties of damping materials using Oberst beam method,* Proceedings of the ASME 2010 10th Biennial Conference on Engineering Systems Design and Analysis ESDA2010, July 12-14, 2010, Istanbul, Turkey.
[24] http://www.3atp.org/les substances-filmogènes

Fin du chapitre 7. ■

Conclusion

J'espère vous avoir éclairés sur la formulation et sur ce qu'est le travail de recherche appliquée. L'évocation de l'alchimie est volontaire pour marquer les chimistes, car au fond, l'innovation naît de possibles phénomènes imaginés par la réflexion libre et dénuée de freins.

Mon second objectif est de démontrer l'efficacité des plans d'expériences et leur pertinence par la réflexion distanciée. Mon conseil est de les pratiquer quand votre intuition imagine des solutions.

Pour ma part, je remercie les statisticiens qui donnent du sens à l'interprétation des signes expérimentaux.

Suivez les guides qui s'offrent à vous...

Votre bon sens est l'un d'eux.